百年京张铁路
遗产价值研究与发展策略
（昌平段）

The Research and Development Strategies on the Heritage Value
of the Beijing-Zhangjiakou Railway
(Changping)

北京市昌平区文化和旅游局　编著

中国建筑工业出版社

图书在版编目（CIP）数据

百年京张铁路遗产价值研究与发展策略．昌平段／北京市昌平区文化和旅游局编著．—北京：中国建筑工业出版社，2019.12
ISBN 978-7-112-24476-8

Ⅰ.①百… Ⅱ.①北… Ⅲ.①铁路沿线－古建筑－文化遗产－保护－研究－昌平区 Ⅳ.① TU-87

中国版本图书馆CIP数据核字（2019）第272126号

责任编辑：陈 桦 王 惠
责任校对：张惠雯

百年京张铁路遗产价值研究与发展策略（昌平段）
北京市昌平区文化和旅游局 编著
*
中国建筑工业出版社出版、发行（北京海淀三里河路9号）
各地新华书店、建筑书店经销
北京雅盈中佳图文设计公司制版
北京建筑工业印刷厂印刷
*
开本：787×1092毫米 1/16 印张：$8^1/_2$ 字数：178千字
2019年12月第一版 2019年12月第一次印刷
定价：49.00元
ISBN 978-7-112-24476-8
（34971）

本书编委会

主　　编：袁丽民

执行主编：李万升

编　　委（按姓氏汉语拼音排序）：

代学萍　季　宇　李卫利　刘保山　马　赫

马青龙　邱　雨　孙舒帆　王　凤　王新宇

张福升　张剑葳　张子艳

指导顾问：汤羽扬　王玉伟　高小龙

序言

铁路遗产是工业遗产的重要组成部分，是文明发展的重要载体和见证。今日仍然可以在京张铁路沿线看到许多老的铁路站房、机车库、机器厂、桥梁、涵洞等遗存。可以说，以铁路为代表的工业化进程带动了区域城乡发展，深刻地改变了社会生产方式和人们的生活方式。作为工业文明走进中国的象征，这些与铁路相关的遗存不仅生动地记载了中国铁路发展的历史，更是中华民族奋斗史的重要见证。京张铁路是一条全部由中国人自己筹资、选址、勘察、设计、施工的铁路，她最好地记录了中华民族自强不息的奋斗历程和民族复兴的伟大创举，见证了中国近代工业化的历史进程，为区域经济发展注入了活力。

铁路遗产的重要性体现在遗产所代表的各个维度的价值中，如历史文化价值、科学艺术价值、生态文明价值以及社会和教育价值，同时还有延续使用的当代价值。铁路遗产在传承和弘扬中华优秀传统文化，彰显近现代工业文明，推动地区经济社会可持续发展等方面有积极的作用，与其他工业遗产一样，是促进经济社会可持续发展的重要力量之一。关于工业遗产的《下塔吉尔宪章》《黄石共识》等文件均强调工业遗产的调查和记录是一项长期的工作，只有先深入挖掘其背后的故事、明确历史文化内涵和文化遗产价值才能有针对性地进行认定、保护、传承、利用。《百年京张铁路遗产价值研究与发展策略（昌平段）》一书是昌平区政府的倾心之作，该书对京张铁路昌平段的历史与现状进行了深入的研究，体现了地方政府对于地方历史文化特色的重视。

加强地方各类遗产价值的发掘与研究，保护好遗产的真实面貌，采取创新的阐释与使用方法，有利于寻找基于自身特征的社会文化发展增长点，从而使遗产保护利用成为改善城乡生态、创造美好的人居环境、提高公共文化服务水平的重要文化资源。

汤羽扬
2019年12月

前言

孙中山先生曾指出："凡立国铁路愈多，其国必强而富。" 纵观我国近现代铁路历史文化遗产，或多或少都留有屈辱、落后的烙印，也镌刻着中华民族自强不息、奋发图强的发展历程。在那样一个积贫积弱的年代，中华大地上难以产生出伟大的壮举，尤其是与科技、民生相关的产业，早期的铁路控制权更是牢牢地掌握在列强手中。但是，京张铁路，却是一个非常特殊的案例。它的横空出世，有历史的偶然——列强争夺中国路权僵持不下；也有历史的必然，詹天佑等一批爱国的仁人志士，始终把担当民族大义为己任，既坚持民族的自立与自觉，又勇于创新与实践，吸收全世界最先进的科学技术为己用。京张铁路是中国历史上第一条中国人自筹资金、自行设计、自行施工的长距离铁路。周恩来总理曾赞誉詹天佑为"中国人的光荣"。

2013 年 3 月，京张铁路南口段至八达岭段被国务院公布为全国重点文物保护单位，其价值不言而喻。2017 年，在新建城际高速铁路开工、百年京张铁路逐渐退役之际，北京市昌平区文化和旅游局（原为昌平区文化委员会）组织建立了京张铁路遗产调查研究组。调研组联合多名相关专家和建筑师、考古工作者，通过两年半的时间，对百年京张铁路（重点是昌平段）进行了考察，并采用历史资料搜集、文献研究、采访记录、实地勘察测绘、航拍和 3D 建模等多种方法，对京张铁路本体及附属的机厂、水塔等设施进行了初步的记录，梳理出其历史发展脉络和现状，总结其核心价值、发掘其文化内涵；调研组收集了国内外部分典型的铁路遗产保护发展案例，通过文化带融合发展、文化遗产活化利用、文化旅游融合开发、工业遗产转型创新发展等多个维度进行分析，针对京张铁路遗产保护利用现存的困难和问题，结合昌平区和南口镇经济社会发展规划，提出有一定实践和指导意义的意见和建议，初步提出相应的解决方案和建议。

本书所整理形成的文字、图纸、照片、全景数据等记录成果，将是公众了解京张铁路遗产非常不错的入门读本，也将是一份对今后开展京张铁路遗产研究和保护利用工作有重要参考价值的基础文献资料。笔者虽力求准确，但仍难免错漏，还恳请读者不吝指正。

目

录

第1章 中国近代铁路建设历程

1.1 铁路技术出现和早期发展

1769年，法国炮兵工程师尼古拉斯·古诺成功制造出世界上第一辆依靠自身动力行驶的蒸汽动力无轨车辆。1814年英国人乔治·斯蒂芬森发明了第一台蒸汽机车，蒸汽机车是利用蒸汽机，把燃料的化学能再变成机械能，而使机车运行的一种火车机车。此后两百余年，铁路运输以其迅速、便利、廉价等优点，在世界范围内迅速普及，在科技不断更新的背景下，成为仍在继续发展的运输工具。

自19世纪初始，在工业革命的推动下，资本主义国家不仅在国内大力修建铁路，并努力开拓海外市场，幅员辽阔、平原广阔的东方大国——中国，自然是最适宜发展铁路运输之地。

1.2 中国铁路技术及人员早期准备

1840年鸦片战争前后，有关铁路的信息和知识开始传入中国，当时中国的有识之士如林则徐、魏源、徐继畬等人先后著书立说，介绍铁路知识。也有出使国外者，介绍国外火车情况。鸦片战争之后，中国被迫开放港口，有关铁路的知识和信息更是通过多种途径源源不断地传入中国。

铁路知识传入中国的最早记载，为1835年出版的《东西洋考每月统记传》（道光乙未六月）一书，书中有《火蒸车》报道。此后，铁路知识又通过《格物入门》（1868 年出版，1889 年、1899 年两次修订）、《中西闻见录》等各种书刊杂志逐步被传播。

伴随着铁路知识的不断传播和清末洋务运动的开展，1880 年（清光绪六年），中国第一条标准轨自唐山至胥各庄的运煤铁路建成，此段铁路为单轨轻便铁路，长约 7.5 千米。此后此段铁路不断延伸，经过 8 年的时间，最终拓展为 130 千米长的津唐铁路。铁路运输的优势在实践中也逐渐显示出来。

甲午战争之后，清朝政府决定修建天津至卢沟桥、山海关至营口和新民屯及卢沟桥至汉口的津芦、关外、卢汉（芦汉）等铁路，铁路修建需要很多工程人员，因此于 1896 年决定由津榆铁路总局附设一个山海关铁路学堂，以培养优秀铁路人才。山海关铁路学堂也成为我国最早创办的专门的铁路学校。在京张铁路建设过程中，参加勘测、建设的山海关铁路学堂毕业学员有徐文洞、张鸿诰、耿瑞芝、李鸿年、张俊波、刘德源、赵杰、周凤侣、明兆蓉、苏以昭、俞妙元、王桂心、张可铭、邵善间、马联升等。此外，“卢汉铁路学堂”也是我国最早创办的三个铁路学校之一。

国外学习和设学堂是当时晚清政府培养铁路工程人才的两种重要途径，且此后这两方面的培养都有所加强，即便如此，当时的人才还是供不应求，尤其像詹天佑那样的杰出人才更是屈指可数。

1.3 中国近现代铁路发展概况

1847 年，英国海军上尉戈登在台湾私自勘测并鼓吹修建铁路，以便出口台煤。19 世纪 60 年代初，外国人通过多种渠道试图在中国修建铁路，并有私自勘测路线的情况。1865 年 8 月，英国商人杜兰德在北京宣武门外修建了一条长 600 米的小铁路行驶火车，但很快就被拆除。英国领事又分别于 1867 年和 1869 年在烟台和汕头这两个通商口岸提出了明确的铁路修建计划。1858–1874 年，英国也曾计划修建缅中铁路，但都未付诸实施。

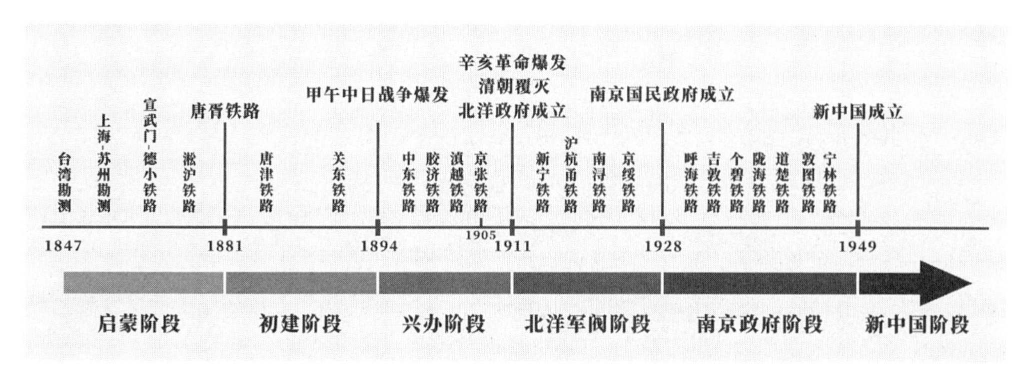

图 1–1 中国早期铁路发展历程图

如果说杜兰德的铁路只是为了表演，那么 1876 年建成的淞沪铁路则是中国境内第一条真正运营的铁路。1872 年，美国驻上海副领事布拉特福组织吴淞公司，开始私建铁路，不久又转让给英商和洋行。1876 年 6 月 30 日，吴淞到上海的铁路正式开通，但后因轧死一人，在营业一年多后被迫拆除。

1.4 京张铁路建设背景与社会需求

张家口是北京的北大门，自古以来就是中原地区通往草原大漠的交通要道、商贸重地。1551 年，大境门外开设“马市”，由官方以布釜之类换取蒙古马匹、皮货等。1570 年，鞑靼首领俺答臣服受封，张家口被辟为蒙汉“互市之所”。1613 年，张家口堡附近又筑来远堡，以张家口堡和来远堡为基础，张家口逐渐发展成为蒙汉民族贸易交往的中心。1676 年，清军击垮葛尔丹，打通了通往漠北的商道，立大境门为蒙古与本部贸易的场所。到 1906 年，张家口各店铺已有 1037 家，北京、天津、山西等地客商来张家口经商者日众。国外贸易方面，1860 年，俄国商人已开始在张家口出现。1884 年，英、美、法等国商人纷纷到张家口收购皮毛货物，张家口逐渐成为陆路大商埠，“百货之所灌输，商旅之所归途”，年进出口平均高达 15000 万两白银。

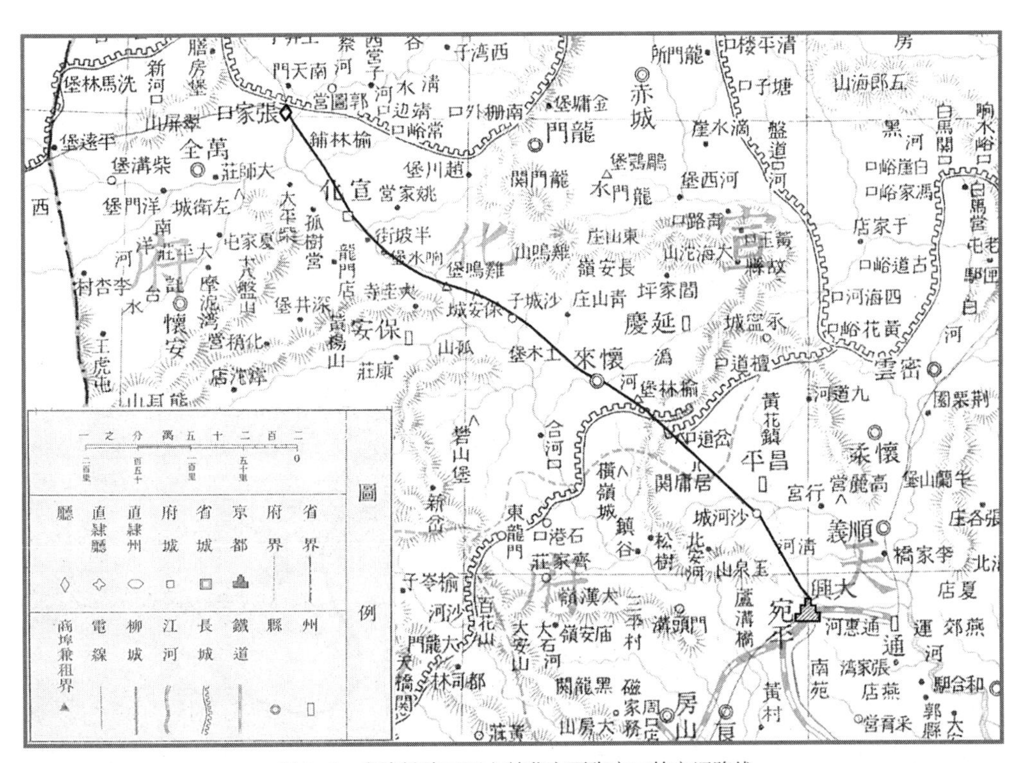

图 1–2 京张铁路开通之前北京至张家口的交通路线

但当时京城到张家口的路途崎岖，运输主要靠驼队。若修通该线铁路，势必会促进商业和贸易发展。1899 年之前，俄国就曾提出修筑恰克图经库伦、张家口到北京的铁路，当时清政府未许。20 世纪初，唐胥铁路的运营效果显著，使清政府终于认识到铁路对于交通运输和贸易往来的优势和重要性，也使商人看到投资铁路的巨大利润，修通北京到张家口的铁路终于再次提上日程。

图 1–3　京张铁路建设之前骆驼商队经过关沟地区（1900s）

图 1–4　京张铁路建设之前南口、居庸关、关沟一带的道路（清末）

图 1–5　京张铁路建设之前的关沟弹琴峡（1890s）

第2章 京张铁路筹备与建设

2.1 筹备工作

2.1.1 资金与路权

在京张铁路之前，我国所建设铁路都是全部或部分借贷外国资金，工程师亦由借贷方提供，修成后运营也由借贷方管理，所以路权实质落于外国。京张铁路初始就是要用京奉铁路余利，所以资金方面与外国没有关系，属于自筹款项。

当时,清政府官办铁路的呼声高涨,正值关内外铁路（1907 年改称京奉铁路）运营良好,盈利颇丰。八国联军侵占北京之后，清政府与英国订立《英国交还关内外铁路章程》，规定北京或丰台至长城向北的铁路，其承建权“不得入他人之手”。比利时、法国、俄国等也按照各自掌握的协议或各种理由，要求承建并获得路权，不允许他国或他国公司承造。各国力争，相持不下，拖延一年多时间。无奈之下，清政府商定京张铁路由中国人自主修建，不依靠外国力量。

因此，中国第一条自主修建的铁路是在列强的争执中获得，为特殊时期的特例。需要注意的是英、俄两国都认为中国当时无法完成此项工程才“同意”放手，所以京张铁路的修建对中国既是机遇，更是挑战。

2.1.2 人员

人才是技术实施的关键要素，人员的成功选择是京张铁路成功的重要原因之一。与当时其他铁路不同，京张铁路所有建设人员必须为中国人，这是之前从未有过的。正所谓机会是给有准备的人，中国铁路交通史上伟大的科学家、工程师——詹天佑，担当重任。他亲自主持了京张铁路的勘查、线路设计、道路施工，在关沟陡坡地段，还开创性地设计了“之”形线路，至今为国际铁路界所赞誉。

（1）詹天佑

图 2–1　詹天佑

詹天佑，字眷诚。1861 年 4 月 26 日（清咸丰十一年辛酉三月十七）生于广东省广州府南海县西门外十二甫（今属广州市荔湾区），祖籍江西婺源。

洋务运动时期，选派幼童赴国外学习是兴办洋务的重要内容之一。1872 年，第一批留学幼童被派往美国，当时北京第一份近代期刊《中西闻见录》以“游学西国”为题记述了此事。派出去的 120 名幼童，因故提前回国，只有两人获得了大学毕业证，其中一人即是詹天佑。詹天佑在美期间，正值美国大量修筑铁路。1878 年，詹天佑高中毕业，同年考入耶鲁大学的谢菲尔德理工学院土木工程系。该系各学期课程设置为：

詹天佑入学所修课程　　表 2–1

学期	课程
第一年上学期	德文、英文、解析几何、物理、化学、工程制图
第一年下学期	英文、物理、化学、球面三角学、力学、自然地理、植物学、经济学、等角投影绘图学
第二年上学期	数学（含微分学）、测量学、投影几何学、德文、法文
第二年下学期	数学（含积分学）、力学、投影几何、地形测量学、德文、法文
第三年上学期	野外工程学、铁路路线勘测学、路基土方计算、桥梁及房屋结构学、工程材料学、凿岩工程学、地质学、矿冶学、法文
第三年下学期	桥梁及房屋结构学、工程材料学、蒸汽机动力工程学、水力学、天文测量学、地质学、矿冶学、法文

1881 年 6 月，詹天佑获得学士学位后回国。10 月，詹天佑等 16 名留学生到达福州，作为福州船政学堂第八届学员，进行回华“补习”，1882 年 7 月毕业。1884 年至 1888 年詹天佑分别在福州船政学堂和广东省黄埔博学馆教习。期间奉命勘测绘制广东沿海海图，制成我国最早测绘海图。1888 年，詹天佑由在开平铁路工作的留美同学邝孙谋介绍，进入天津中国铁路公司，开始献身修筑铁路事业，工作并生活于（山海）关内铁路工地。期间詹天佑顺利完成了塘沽至天津间 40 余千米的铺轨工程。1893 年，詹天佑成功建成滦河大桥，该桥是采用先进的气压沉箱建筑基础的第一桥。

1902年9月至1903年，詹天佑由袁世凯举荐，担任官办西陵铁路（新易铁路）总工程师（司）。1902年冬，詹天佑主持修过新易铁路。1903年，新易铁路工竣通车后，任潮汕铁路工程师。1904年7月至1905年3月任上海官办中国铁路总公司工程顾问。

1905年5月，詹天佑任官办京张铁路总工程师兼会办，成为主持修建高难度的远程运输铁路的第一位中国人；1910年当选广东省商办粤汉铁路总公司经理；1912年在广州成立中华工程师学会并任会长；1913年任交通部技监。1919年4月24日，詹天佑逝世于汉口。

（2）其他人员

詹天佑在《京张铁路工程纪略》专门写道："本路工程始终出力各员为正工程司颜君德庆、陈君西林、俞君人凤、翟君兆麟，工程司柴君俊畴、张君鸿诰、苏君以昭、张君俊波等，余繁不及备载。"这八位工程师显然在建设过程中也起到了重要作用，辅助总工程师詹天佑开展工作。

以上八人中，除颜德庆有留美经历外，陈西林、俞人凤、翟兆麟、柴俊畴都为天津北洋武备学堂1893年首批毕业铁路工程班学员，曾供职关内外等铁路工程司的张鸿诰、苏以昭和张俊波都是山海关铁路学堂毕业生。除詹天佑记载的八人外，还有天津北洋武备学堂1893年首批毕业铁路工程班学生沈琪，山海关学堂毕业学员耿瑞芝、李鸿年、刘德源、赵杰、周凤倡、胡兆砻、俞妙元、王桂心、张可铭、邵善、马联升等，可谓人才济济、经验丰富。徐文洞后来被调往修筑商办江苏铁路，也有个别人员有调动，但绝大多数人一直投身在京张铁路工程的建设中。

2.2 勘测选线

铁路修筑前的勘测和定线是非常重要的一步，它不仅决定路线的长短、施工的难易、所需经费的多寡，还关系着铁路修成后火车运行的安全、铁路维护的费用。所以勘测和定线需要工程负责人亲自实地勘测，这是一项重要而艰辛的工作。铁路路线勘测按照程序可分为踏勘、初测、定线、施工测量。

北京至张家口，可以说是山高谷深、重峦叠嶂。1905年（光绪三十一年），詹天佑带领工程人员张鸿诰、徐文洞实地进行初测，开展线路比选研究，针对如何跨越北部的燕山山脉，当时比选了三条线路。中线由丰台东柳村京奉铁路六十号桥为起点（在此处与京奉铁路接轨），经西直门沿大路至南口、岔道城、张家口。后又比选了通过德胜口实施方案（北线），但坡度比中线方案的关沟更大。另一备用比选线路是沿今门头沟地区的永定河实施，坡度可以减小，但需要由西直门向西绕石景山、经三家店沿永定河到沙城（南线），路线增长，增加了工程经费和工期（南线即后来的"丰沙线"，新中国成立后才实施）。经过慎重比较，最终选定沿南口至关沟一线（中线）实施。

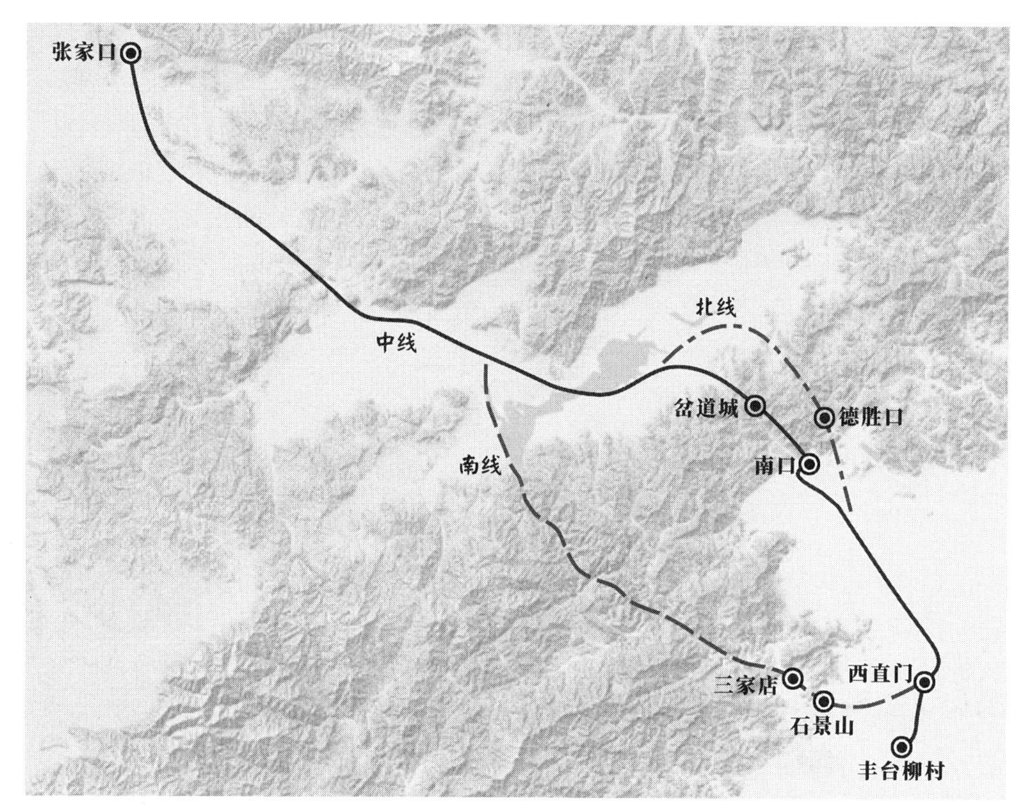

图 2–2　京张铁路三条选线对比示意图

此次勘测从 1905 年 5 月 10 日开始，到 1905 年 6 月 16 日结束，历时一个多月。詹天佑对测量做了详细的记录，从北京到张家口测量途中，每一段均记录了地形地质条件、工程施工方法、所需土石方量、所需人工费用等，并制定了分段实施计划。从这些记录可见，测量工作十分艰巨、繁琐，同时又需要精准、细致，不仅要勘测地势地形，还要估算所需工程量及工程费用，一天仅能行进数里。

2.3　施工建设

购地：此为施工之前首要任务。铁道线路要经过居民房屋、田地、坟墓等，几乎每项都需要协商解决，并给以经济补偿。从广安门之后的路线，由京张铁路独立购买。按当时土地所有权划分，京张铁路所需购地有“官地”“民地”和“旗族地”，根据土地所有权不同，购买的价格也各有异。

备料：此为决定工程进展的重要环节，也关系着工程费用的多少。在京张铁路修建过程中，做到了尽量使用中国自己生产的原料。土石的备取采用“招标承办”的办法，既便于管

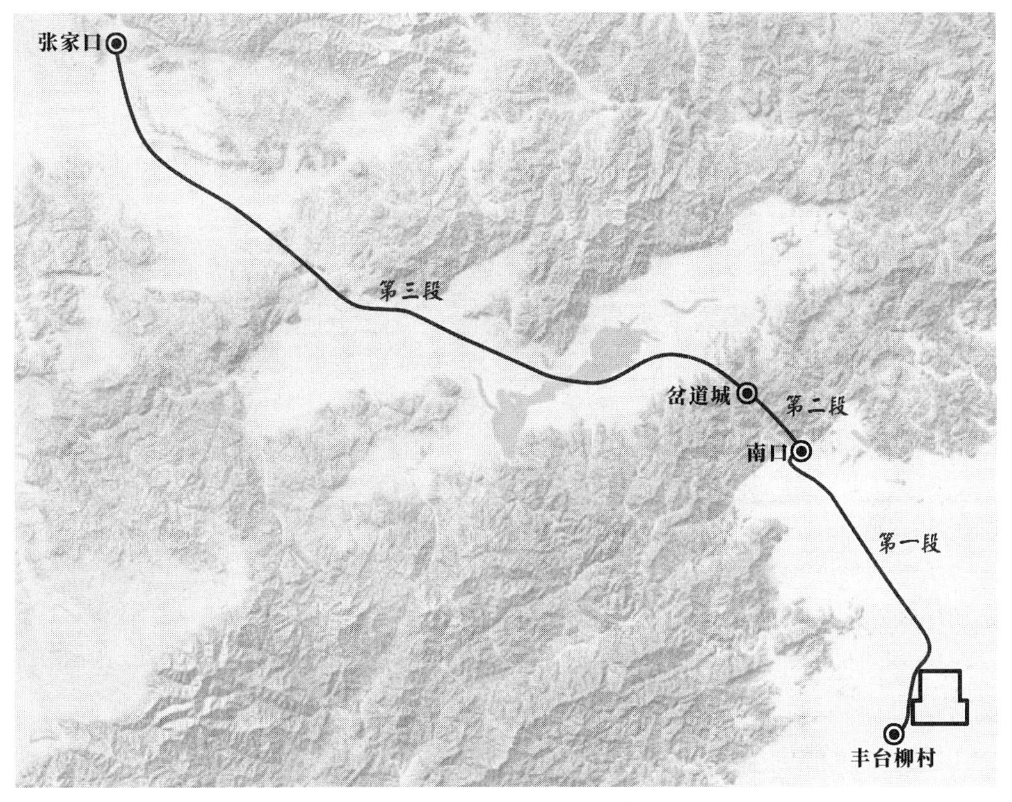

图 2–3　京张铁路修建分段示意图

理又节约时间，减少耗费。沿途的桥梁、车站、管理用房等方面均有大量使用本地的石材和节俭的建造方式。

建设：铁路的修建分三段进行。京张铁路坡度最大为南口至康庄段，达 3.33%，是当时我国铁路之最，其他路段平均坡度为 0.5%~1%。

第一段丰台柳村至南口。1905 年 12 月 12 日自丰台开始铺轨，詹天佑在全线起点的第三根枕木右轨外侧打入第一根道钉作为开始的标志。1906 年 9 月 30 日，丰台至南口段竣工，历时不到一年。此后，詹天佑将办公地点迁至南口。

第二段南口至岔道城，是全路工程最为艰巨的一段，尤其是八达岭隧道。1906 年 4 月，有日本人雨宫敬次郎建议用机器凿洞，又有英国工程师英达建议用外国人包办，但都被詹天佑拒绝。詹天佑采用竖井法和工人换班，运用爆破力强、性能安全的瑞卡诺克炸药，人工打眼开凿，进行爆破，顺利完成了四个山洞共 1645 米的穿凿工作。1908 年 4 月 14 日，居庸关隧道开通，5 月 22 日八达岭隧道开通。

第三段岔道城至张家口，与第二段同时开工。此段佛爷洞、蛇腰湾和老龙背三处工程难度仅次于关沟段，需要开山垫河，工程巨大。

京张铁路分段计划表 表 2–2

分段	线路	里程（里）	计划所需时间	备注
一	丰台 – 彰仪门 – 南口	104	1 年	随即行车买票，转运材料
二	南口 – 关沟 – 岔道城	33	3 年	第一段动工后即派人驻关沟精测，定路线，开工
三	岔道城 – 怀来 – 宣化 – 张家口	223		材料由骡车大道转运，陆续开工
全线铺垫碎石及零碎工程			1 年	
全路：按驿站 420 里，测量路程 360 里，每里约估银 2 万两，计划 4 年完工				

2.4 竣工通车

1909 年 8 月 11 日京张铁路建成，10 月 2 日通车，共修建四年整。京张铁路是首条由中国人自行设计、施工，投入运营的干线铁路。施工时间比原定计划缩短了两年，建设成本亦比原来预算（700 万两白银）节省了 200 万两白银。

1921 年 5 月 1 日，京张铁路北扩至绥远（今呼和浩特），更名为京绥铁路（1928 年南京国民政府成立，将北京改为北平，京绥铁路改为平绥铁路）。后通过继续扩建，1923 年 1 月通车至包头。新中国成立后称为京包铁路。

图 2–4 1909 年通车典礼之南口茶会（1909 年）

京绥全线途经当时的京兆（北京）、直隶、察哈尔、山西、绥远五个地区，是我国西北地区的交通要道，对于当时巩固边防有着非常重要的意义。而且在贸易方面也具有非常重要的作用，途径的各个大站，商业辐射效果都很明显。

张家口原为中俄陆路通商要地，内外蒙古、察哈尔等地日用品如茶叶、棉布、糖食、火柴、烟草、纸张、绸缎以及一切杂物都由此散发，本地产牲畜、皮毛、药材、土碱、蘑菇、兽骨也由此转运；甘肃、青海、蒙古地区的皮毛、牲畜、药材及新疆的棉花、葡萄均由绥远站运输至京津沪汉，而由京津沪汉运来的的砖茶、绸缎、布匹、煤油、火柴、糖食等也由归绥（今呼和浩特）西经大草地达新疆，经河套达甘肃，西北达乌里雅苏台等地。

图 2–5　1909 年通车典礼之南口茶会专车（1909 年）

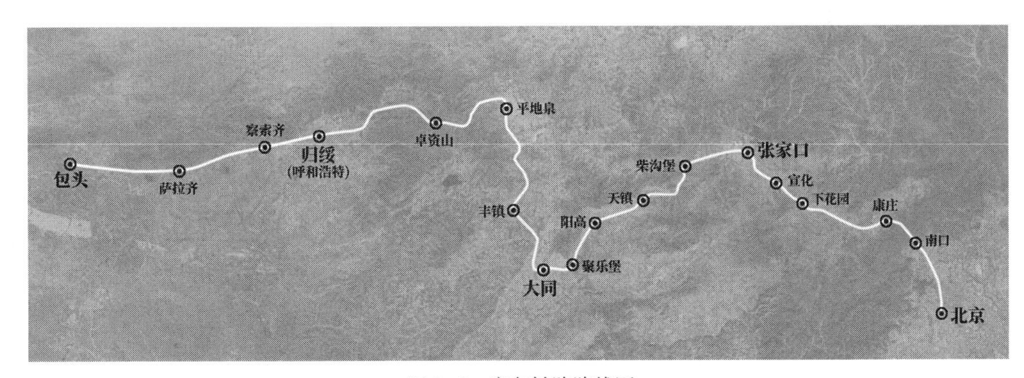

图 2–6　京包铁路路线图

第3章 京张铁路构成要素梳理

3.1 铁路线路

京张铁路自北京市丰台柳村开始，经西直门、清华园、南口、八达岭等地区至河北省怀来、宣化和张家口市，共约 201.2 千米。

其中昌平段自沙河镇南部入昌平区境内，从南口镇过居庸关出区境，南口镇一段，铁路在关沟风景区内穿过。

3.2 铁路站房

京张铁路建设之初共有车站 14 处、月台 28 处、桥梁 125 处（铁桥 79 座、石桥 43 座、木桥 3 座）、涵洞 210 处、山洞 4 处（共长 1645 米）、水塔 11 处、机车库 5 处、铁转盘 6 处、养路工房 83 处、员工办公室 12 处、天桥 1 处、抄水机房 1 处、地磅 2 处、井 11 口、煤台 5 处、料厂 4 个、工程车务厂员工及巡警住房 86 处，南口建有南口制造厂、南口材料厂。

京张铁路的车站定为四等，如西直门、张家口、宣化等为头等车站，广安门、怀来为二等站，清河为三等站，西拨子为四等站。四等车站一般没有营业，只是根据距离而设，以供上下交错车用。以节省工程造价为宗旨，各站建筑根据相应的规格和图样，按不同等级和规模建设。其中，突出的成就是车站实现了制式化建设。位于昌平的五个车站有居庸关站、东园站、南口站、昌平站和沙河站。

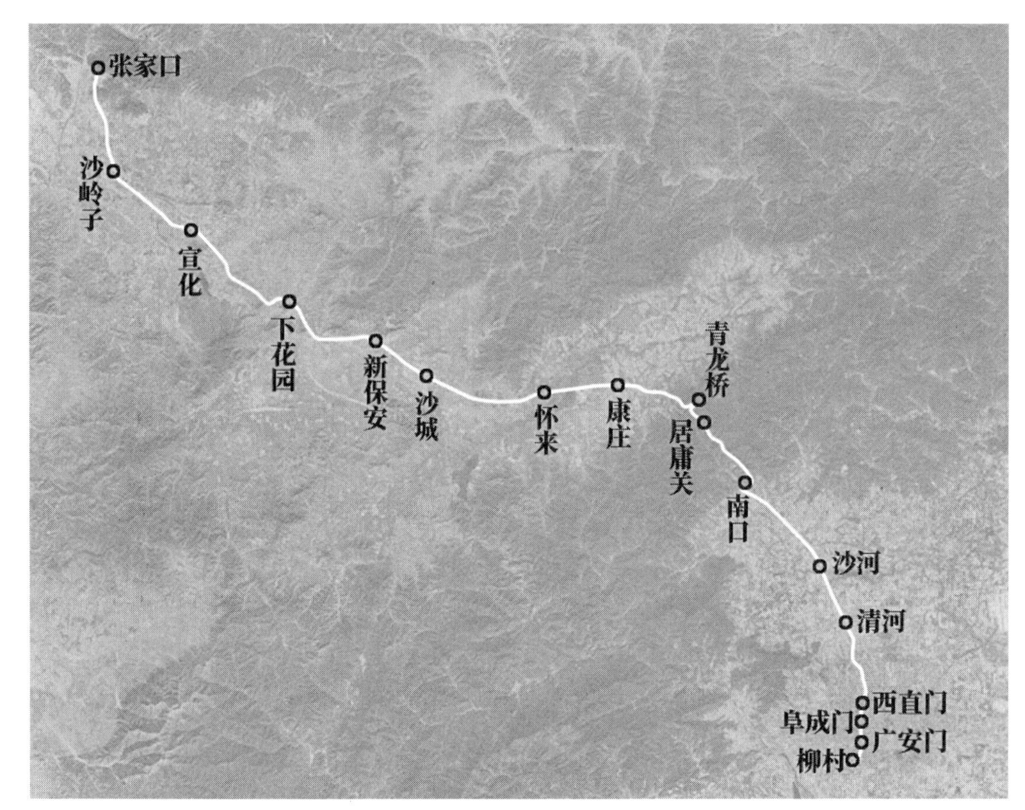

图 3-1　京张铁路路线示意图

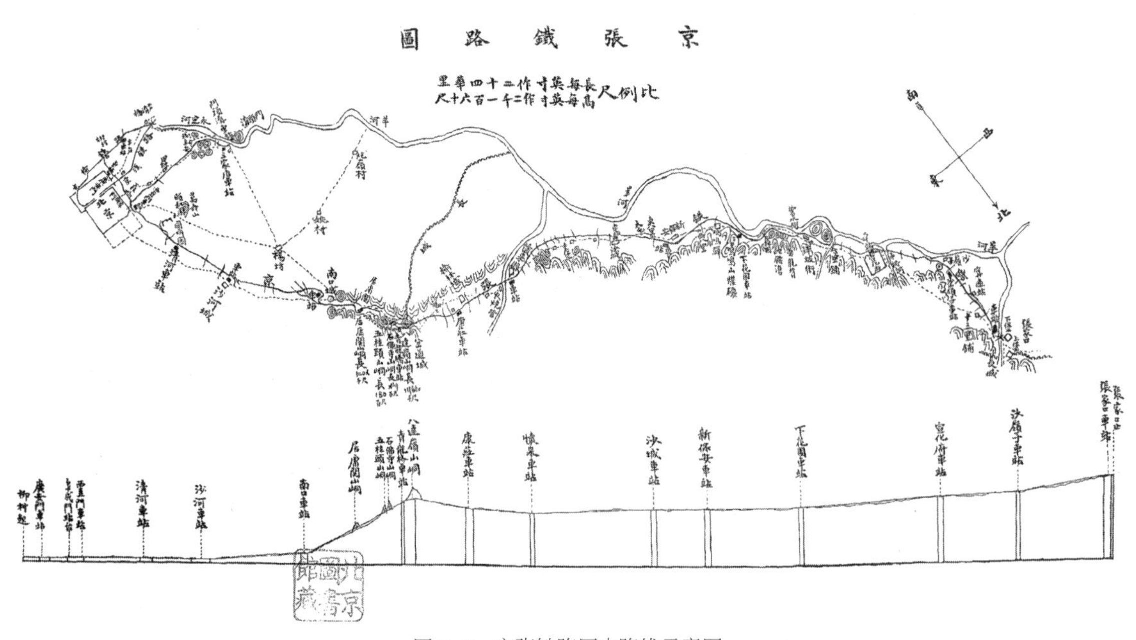

图 3-2　京张铁路历史路线示意图

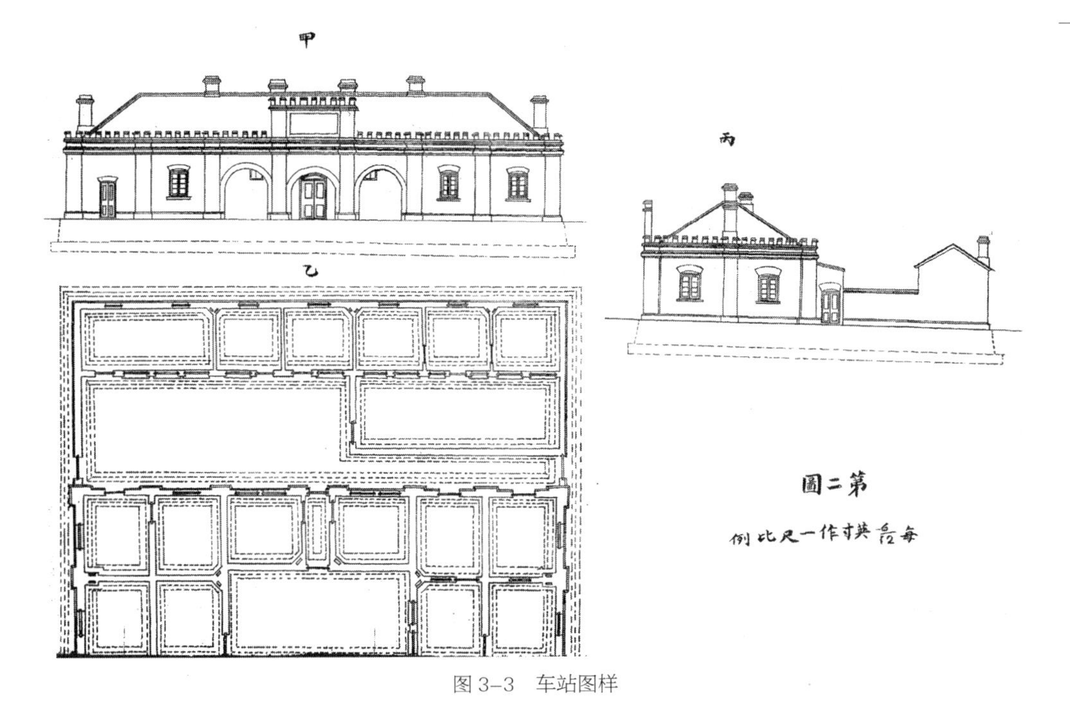

图 3–3　车站图样

3.3　附属建筑

3.3.1　机车库

京张铁路关沟一段坡陡路曲，特需马力强劲的马立特式山坡机车，因此在该段坡路的两端南口和康庄各设一所机车库。机车库形制如图 3–4 所示。

3.3.2　机器厂或材料厂

机器厂当时又称作机厂，主要负责机车装配、机件制造、机车检修等。京张铁路以关沟段最为险峻，所以机厂设在关沟下游的南口，即南口机厂。该厂配有铸造厂、锤工厂、锅炉厂、模型厂、打磨厂、机车修理厂、修理客货车厂及油车厂。

据统计，截止 1925 年 6 月底，南口机厂共修理客车 1867 辆、货车 12183 辆、机车 168 辆，总计 14218 辆；新装机车 36 辆、客车 34 辆、货车 113 辆、调车机车 23 辆、守车 2 辆。铁路材料厂也设在南口，共有房屋二十多间，大多用作办公室和储藏室。为了运输方便，场所内有岔道通往干线，亦与机厂、车站、工程处联络一起。

3.3.3　桥梁、涵洞等

京张铁路沿线建设有多处桥涵。其中居庸关拱桥是一座跨度 12.2 米的拱桥。运营七十多年

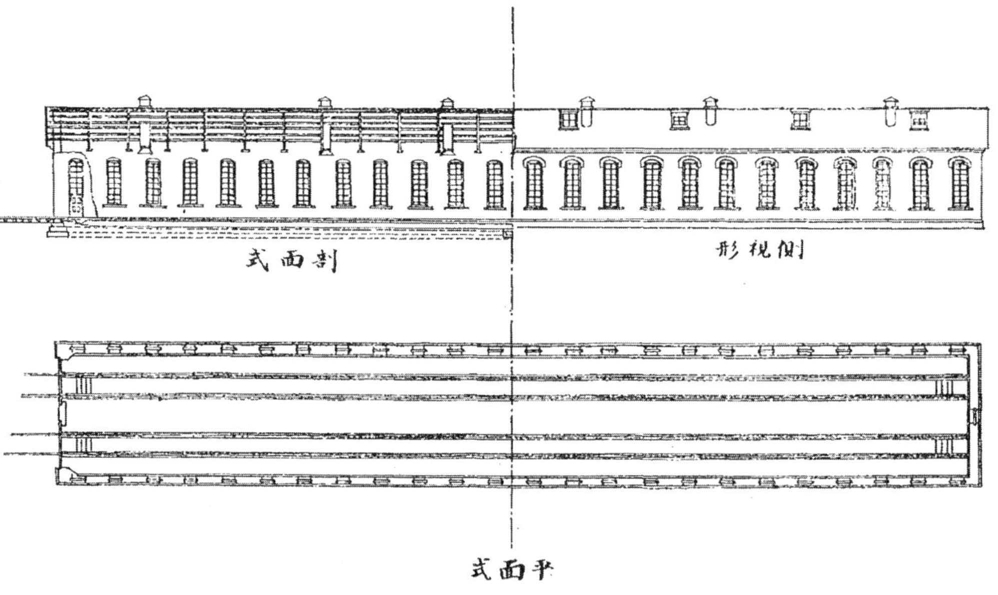

图 3-4　康庄机车库

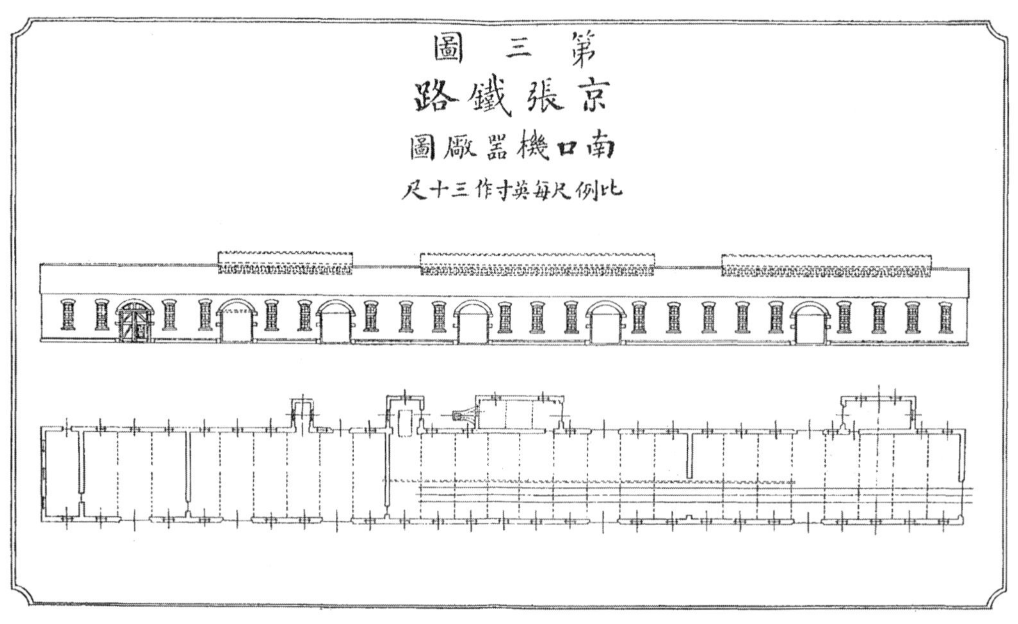

图 3-5　南口机器厂

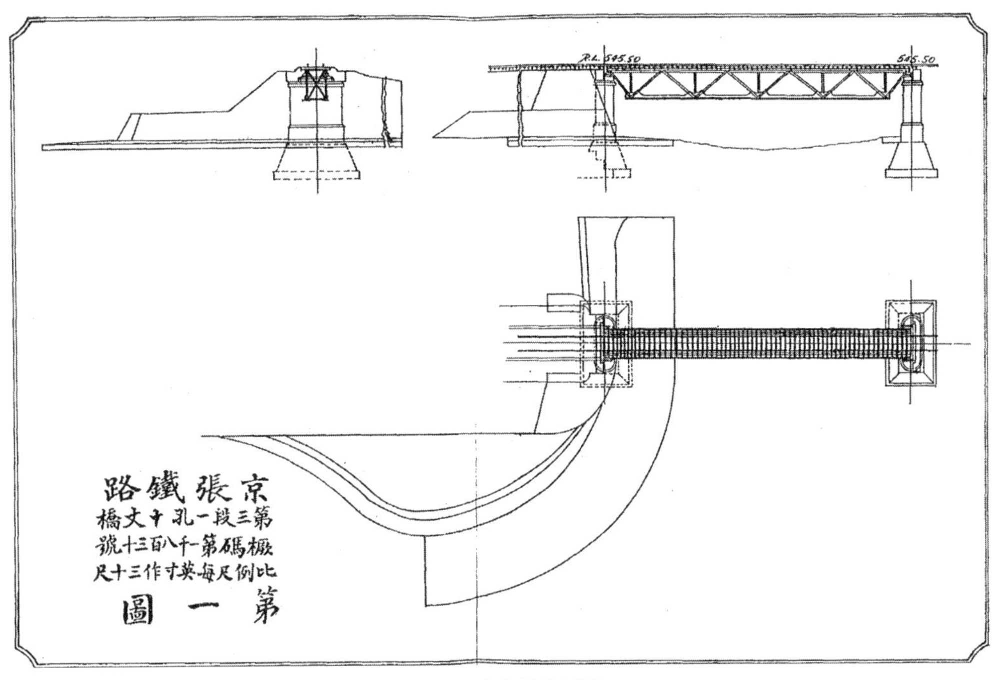

图 3-6　京张铁路桥梁

基本良好。另有涵沟为铁路遇山涧田渠、疏通水道等修建。涵沟有暗沟和明沟之分，涵洞的大小视最大水流量而定，《京张铁路工程纪略》记载“孔距在十尺之下为明沟，十二尺之上为桥”。

京张铁路全线共四个山洞，即五桂头山洞、石佛寺山洞、八达岭山洞和居庸关山洞。原计划开凿三个山洞，即前三个。但在居庸关处，坡度太陡，延长路线实为无处可避，便增加了居庸关山洞。这四个山洞都在南口至岔道城段。山洞的修建使铁路减少了坡度，缩短了距离。京张铁路上的山洞的建设，也是中国铁路史上第一次修建铁路山洞。

3.3.4　水塔

水塔的修建在蒸汽机车时代是必不可少的，而且每隔五六十里（25~30 千米）就需要有一水塔供机车储水。当时机车贮水一次可用几个小时，所以路途遥远就需要分段贮水。京张铁路水塔分为上下两部分。上部分为贮水柜，铁质，圆柱形。下层用砖、石砌成空心圆台，或用角铁制成铁架放置贮水柜。

京张铁路第一个水塔设在沙河站。水柜直径 4.3 米，地基用片石砌成，石灰填缝，墙基用混凝土，塔墙用砖砌石灰抹缝，水塔东侧挖掘水井一口。

南口车站机车厂内也建有水塔，此塔较其他地段更为重要，规制也更大。该处水柜直径 6.67 米，水塔距铁道 30 米，水塔东南侧开凿一口大型水井，井西设蓄水池。

此外，在沙河、南口、康庄，以及怀来、下花园等站也均设有水塔。

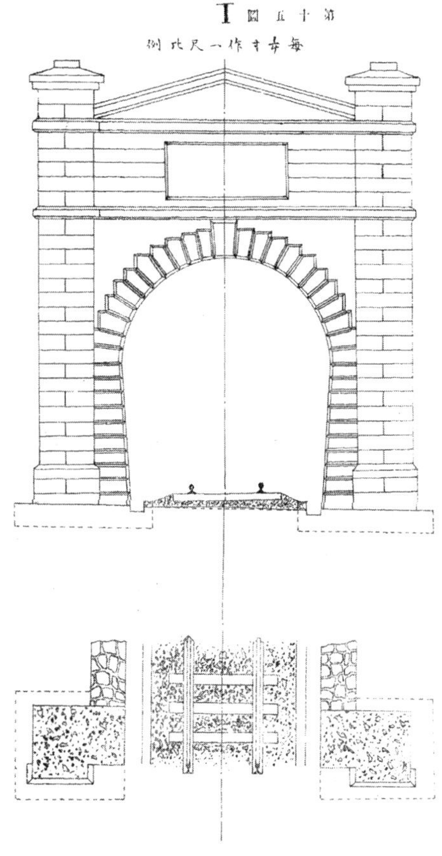

图 3–7　京张铁路涵洞

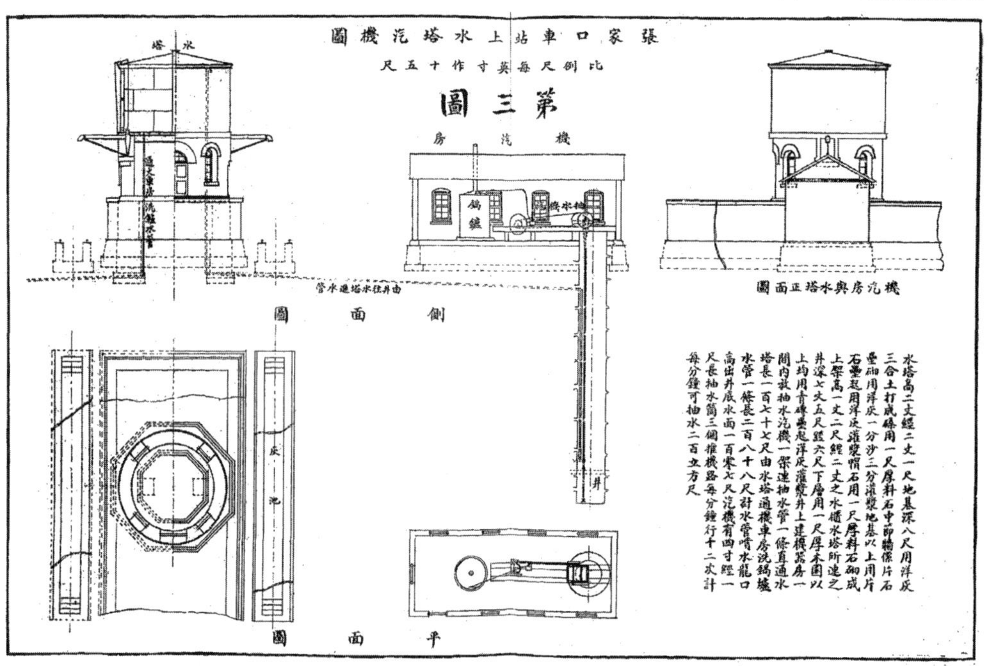

图 3–8　京张铁路水塔

3.4　机车

按照詹天佑的最初想法，机车和客货车均由关内外铁路唐山工厂制造。但用于山道爬行的大马力机车需向国外购买。据统计，1909 年底，京张铁路购置调车机车 11 辆，分别购自美国费城鲍尔温厂、英国北英公司等；毛格尔机车 9 辆，来自唐山制造厂。

京张铁路 1909 年 11 月前购置机车情况表　　　　表 3–1

购车时间	机车种类	数量	生产厂家
光绪三十二年（1906 年）润四月	调车机车	3	鲍尔温厂
光绪三十三年（1907 年）四月	调车机车	1	鲍尔温厂
光绪三十四年（1908 年）六月	毛格尔机车	6	唐山制造厂
光绪三十四年（1908 年）八月	毛格尔机车	1	唐山制造厂
光绪三十四年（1908 年）九月	英玛丽跑山机车	3	北英公司
光绪三十四年（1908 年）十月	调车机车	2	北英公司
宣统元年（1909 年）正月	调车机车	3	老及司厂
宣统元年（1909 年）正月	调车机车	2	鲍尔温厂
宣统元年（1909 年）润二月	毛格尔机车	2	唐山制造厂
宣统元年（1909 年）十月	英玛丽跑山机车	1	北英公司
合计		24	

图 3–9　京张铁路机车（1909 年）

图 3–10　京张铁路机车（1909 年）

3.5　支线

京张铁路先后共建四条支线，包括京门支线、鸡鸣驿煤矿支线、环城支线和宣化支线，其中京门支线和鸡鸣驿煤矿支线是为了运输煤炭而修建。

3.5.1　京门支线

京门支线，也称京门铁路，是京张铁路的辅助铁路，由詹天佑于 1906 年主持建造。京门铁路其修建是为将门头沟的煤炭运抵西直门，供京张铁路蒸汽机车燃料之用，单线行驶，迄今也已百年。京门铁路的路线自西直门站南侧车公庄出岔，西经五路、田村等站，达门头沟的三家店、色树坟、大台各站至木城涧，共 11 站（含现丰沙线落坡岭站），正线长 53.363 公里。1971 年 2 月 1 日西直门至五路段线路被拆除。

3.5.2　鸡鸣驿煤矿支线

鸡鸣驿煤矿为京张铁路附属矿业，鸡鸣驿煤矿支线为运输该处煤炭而建，但后来发现该处煤炭发热量不足，不能作为机车燃料，铁路逐渐弃用。该支线由工程师翟兆麟测定。鸡鸣驿煤矿矿井距下花园站约 3 千米。

3.5.3　环城支线

环城支线是为便于京城各地运输方便而建。1914 年 6 月 12 日，交通部以京城环城支路与市政关系密切为由申请修建，由京张铁路局筹款承修。铁路环绕北京城，全长 12.6 千米。环城支线于 1915 年 6 月 16 日开工，由西直门沿城墙外侧，过德胜门、安定门、东直门、朝阳门。在东便门与京奉铁路接轨，并由京奉铁路达正阳门，次年 1 月 1 日通车，8 月 1 日正式营业。

3.5.4　宣化支线

宣化支线，1918 年兴建，由京张铁路的宣化站至水磨坊，全长 4.46 千米，主要用于运输龙烟铁矿的矿砂，之后矿砂停运，铁路遂弃。1919 年 1 月 1 日通车。

第4章 京张铁路遗产现状研究

4.1 京张铁路现状及主要问题

4.1.1 保护情况需要加强

根据地理区位和综合保护管理情况，整条线路大体可以分三个段落：北京市区段、关沟段、河北段。其中关沟段的保护情况最好，北京城区段次之。

关沟段：2013 年京张铁路南口至八达岭段被列入第七批全国重点文物保护单位，所以铁路从线路到基础设施都得到了妥善保护。例如在青龙桥站设置有陈列馆、詹天佑纪念铜像、詹天佑墓等纪念设施，人字形铁轨也保存较好，经常会有游人前来参观。S2 线游览列车把车站和长城各景点串联起来，游客络绎不绝。

城区段：由于京包线入地改造，西直门到清河段的铁轨已经陆续拆除，伴随而来的是原有车站的废弃。在这些车站中保存较好的是西直门车站，被列为北京市级文物保护单位，目前主要功能是存放杂物。老的清华园站被淹没在居民楼中，虽然被列为区级文物保护单位，但是保护情况不佳，多户人家杂居其中，墙体破损、屋顶站牌缺乏维护。

就整条线路的建筑遗存而言，除康庄外水塔几乎不存，保存有部分桥梁涵洞；因新的京张铁路建设，部分铁轨陆续被拆除，部分车站和机车厂等建筑遗存尚待列入文物保护单位予以保护。昌平地区的众多京张铁路遗产由于逐渐被废弃，目前大部分的建筑遗存年久失修，尚没有进行及时维护，整体保存情况较一般，亟待制定有效的保护和管理规划。

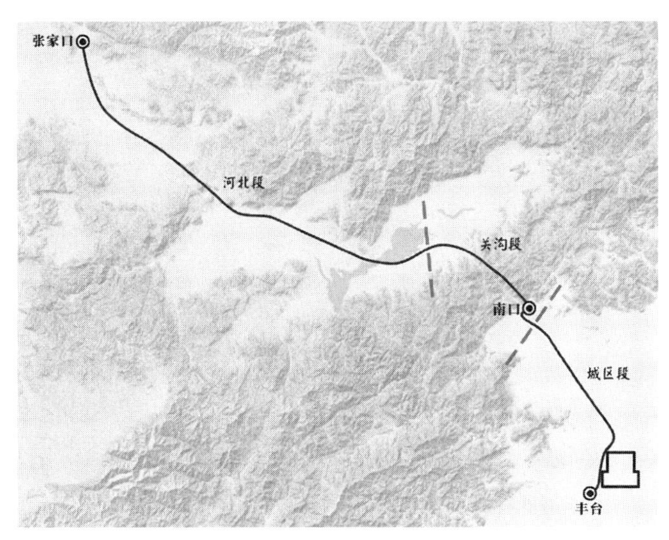

图 4-1 京张铁路遗产调研分段图

4.1.2 开放利用和展示程度不高

京张铁路中的西直门站、清华园站、南口站、青龙桥站、宣化站以及张家口站等都是保存较好的站点，但是不同的车站开放情况不同，管理方式也差异较大。如西直门车站位于封闭的院场中，普通的游客无法参观；老清华园站成了多户混居的出租屋，新清华园站则由于线路改造而空置；南口站只有买票乘坐火车才可以进站参观；青龙桥站设置有展览室和纪念雕像，但是展览室并非长期开放，普通游客只能在车站周边拍照留念；宣化站等运行中的车站，同南口站一样，只有买票乘车的乘客才可以入站；张家口站则处于废弃状态，无文物保护标识和说明性介绍，淹没在张家口市的老居民区中。代表性的站点没有针对普通民众认知引导和宣传介绍，甚至被封闭起来，这些都影响了人们对京张铁路的了解和亲近热情。

相比其他路段而言，昌平段整体保护情况较好，但是铁路设施出于安全考虑，对于民众没有形成一定的开放度，公众很难接触。铁路遗产有效利用或是展示还没有形成气候。

4.1.3 相关自然与文化遗产整合程度不够

从沙河站到康庄站，经过昌平区与延庆区，其中昌平区包括：沙河站、昌平站、南口站（城铁 S2 线）、东园站、居庸关站（城铁 S2 线）；延庆区包括：三堡站、青龙桥站（上行线，下行线过青龙桥西站）、八达岭站（城铁 S2 线），西拨子站、康庄站。

昌平区及周边拥有丰富的自然资源和风景名胜资源，地处燕山脚下，长城环抱，上风上水。拥有驰名中外的明十三陵，“天下第一雄关”——居庸关，以及风景秀丽的莽山、大杨山、白虎涧、白洋沟等自然风景区。昌平地区每年共接待中外游客超过千万人次，旅游经营收入居京郊前列。沙河站附近古迹有明嘉靖年所建巩华城遗址以及明朝宗桥一座。南口站周边保存有原始站房、机车厂以及工程司处。居庸关，是京北长城沿线上的著名古关城，“天下九塞”之一，“太行八陉”之八。关城所在的峡谷，属太行余脉军都山地，西山夹峙，下有巨涧，悬崖峭壁，地形极为险要。居庸关与紫荆关、倒马关、固关并称明朝京西四大名关，其中居庸关、紫荆关、倒马关又称内三关。京张铁路从南口到八达岭段已经被列为全国重点文物保护单位。从南口至八达岭的关沟风景区，沿铁路线展开，长约20千米，是京城铁路旅游观光的最佳去处。目前，铁路遗产和丰富的自然、文化遗产处于较为分离的状态，还没有有机地整合在一起。

4.1.4 铁路遗产价值的挖掘与整理不足

铁路遗产的重要性体现在遗产所代表的各个维度的价值中，如历史文化价值、科学和艺术价值、生态文明价值以及旅游和社会价值等。研究铁路遗产只有先深入挖掘其遗产价值才能有针对性地对遗产进行保护，也只有通过有针对性的遗产保护，这样的保护工作才能是有实效性的，才能为下一步的合理利用打下坚实基础。目前真正深入探讨其价值并进行系统梳理的文献研究仍然比较缺乏，因此开展这项工作具有必要性和迫切性。

就历史文化价值而言，京张铁路是中国近代史、中国铁路发展史、中国民族史的重要见证，京张铁路的主工程师詹天佑是民族文化、民族精神的杰出代表；就科学和艺术价值而言，京张铁路的技术突破、艺术成就就是代表，其中的建筑艺术最直接地体现在这些车站、桥梁、隧道等建筑遗存中；就生态文明价值而言，铁路穿越稻田、林地和河流，连接着不同的自然生态环境，同时也影响和塑造着经过的各个环境；就旅游和社会价值而言，铁路开设之初的目的是为了促进关内外的贸易，如今铁路更是成为加速不同地区贸易往来的最佳助力，同时旅客还可以欣赏沿线的自然风光；此外，2022年北京冬奥会的成功申办，京张铁路必将带来更大的社会和经济效益。昌平段丰富的铁路遗产是京张铁路的杰出代表，深入挖掘其遗产价值将会对以后整条铁路的研究与保护工作树立起示范性的作用，相关经济社会效益尚有待充分发挥。

4.2 京张铁路昌平段总体状况

4.2.1 空间特征

昌平区是京张铁路遗产保存最为丰富、集中的地区，位于北京市西北部，是京北出京要道所在地，介于东经115° 50′ 17″~116° 29′ 49″、北纬40° 2′ 18″~40° 23′ 13″之间，北与延庆区、怀柔区相连，东邻顺义区，南与朝阳区、海淀区毗邻，西与门头沟区和河北省怀来县接壤，总面积1352平方千米。

昌平区地势西北高、东南低，北倚军都山，南俯北京城。山地海拔800~1000米，平原海拔30~100米。60%的面积是山区，40%是平原，有2个国家级森林公园，是北京的母亲河之一温榆河的发源地。

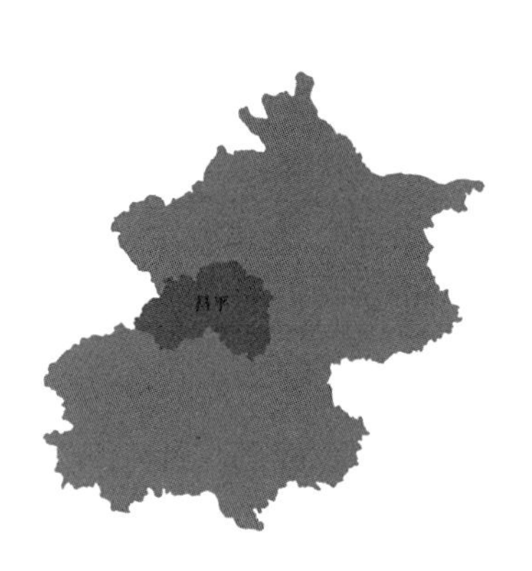

图 4-2　昌平区在北京市的区位图

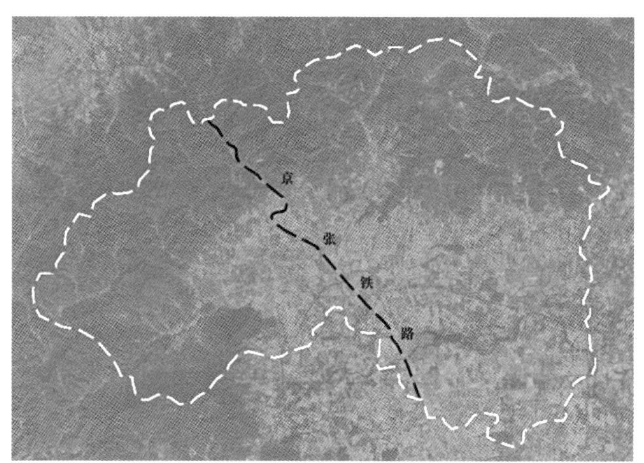

图 4-3　昌平区卫星影像与京张铁路示意图

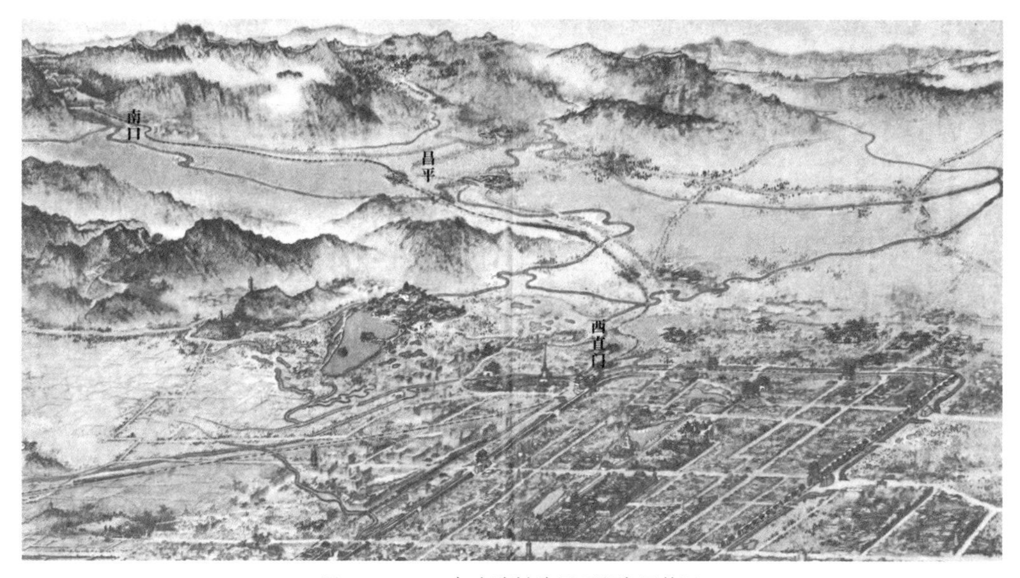

图 4-4　1957 年京张铁路昌平段发展状况

4.2.2　保护利用状态

铁路的重要厂房一般设置在路段的中部，这样便于两端兼顾，京张铁路中部为南口至岔道城段，相较而言，南口的地势平整，所以建有全路段的车务总厂以及其他重要厂房。京张铁路共设有两个工厂，一个设置在南口，一个设置在康庄，目前南口工厂还保留着原有的老车间。京张铁路最初还建有 5 个机车库，用来对火车检修，目前只存留有南口和康庄两处。

经过调查梳理，昌平区现存京张铁路遗产主要包括：沙河站、黄土店站、昌平站、南口站、南口老站房、东园站、东园老站房、居庸关站、居庸关老站房、臭泥坑桥老桥遗址、窑顶沟桥、战沟桥、居庸关山洞南口外桥、四桥子铁路桥、上关桥、居庸关隧道、詹天佑办公旧址、南口铁路工人俱乐部、南口铁路职工宿舍、万国饭店旧址、南口火车站附属用房、南口大厂风机房、南口大厂客车修理车间、南口大厂机车大修房、机车检修库、铁路等。

价值分级情况：昌平区京张铁路遗产中的居庸关老站房、居庸关隧道、东园老站房、南口老站房、南口工程司处、南口老车间、南口万国饭店等遗产，由于修建年代较早，保存较完整，遗产价值较高。居庸关站、东园站、南口站、昌平站、沙河站、黄土店站等后期进行过改建、改造的车站，由于建设年代较晚，价值一般。

开放情况：昌平地区的京张铁路遗产中，居庸关站、居庸关隧道、东园站、南口站、昌平站、黄土店站等由于还在使用中，通过购票乘车可以参观属于开放状态；居庸关老站房长年废弃，属于封闭状态，东园老站房、南口老站房、南口工程司处、南口老车间、南口万国饭店、沙河站等，由于办公或私人使用，没有对外开放。

管理使用情况：目前居庸关站、居庸关隧道、东园站、南口站、南口工程司处、南口老车间、南口万国饭店旧址、昌平站、黄土店站等还在使用中，其中南口工程司处内设置南口大厂相关展览，南口万国饭店旧址属于私人居住状态，其他都是作为铁路运输使用。居庸关站老站房、东园站老站房等目前处于荒废状态。

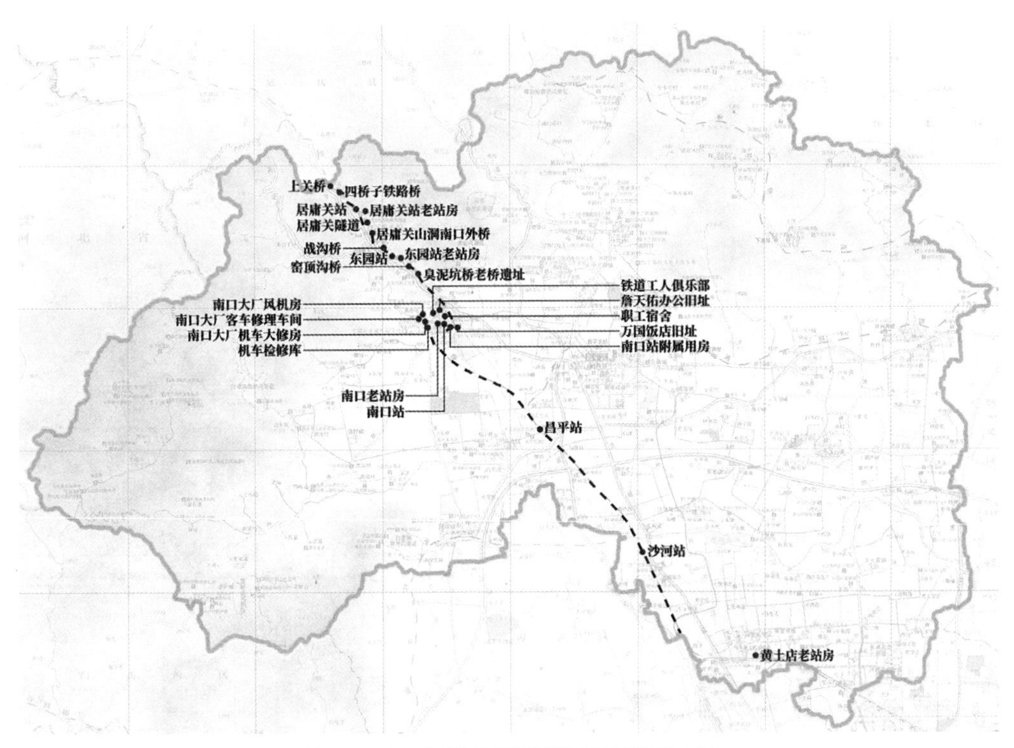

图 4-5 昌平区现存京张铁路主要遗产分布图

昌平铁路遗产保护利用现状调查统计表 表 4-1

类别	编号	名称	遗产构成	建设年代	保存情况	管理状况	使用功能	周边情况	价值评估
车站站房	1	黄土店老站房	站房、月台、办公室及职工宿舍等	1960	较好	空置	办公	城区	一般
	2	沙河站	同上	1980	较好	空置	办公	城区	一般
	3	昌平站	同上	1970	较好	使用中	办公	城区	一般
	4	南口站	同上	1970	较好	使用中	办公	城区	一般
	5	南口老站房	办公室及职工宿舍等	1900	较好	使用中	设备房	城区	高
	6	东园站	站房、月台、办公室及职工宿舍等	1940	较好	使用中	办公	乡村	一般
	7	东园老站房	站房及职工宿舍等	1900	较差	使用中	私人使用	乡村	较高
	8	居庸关站	同上	1950	较好	使用中	办公	乡村	一般
	9	居庸关老站房	站房及职工宿舍等	1900	较差	废弃	无	乡村	较高
桥梁	1	臭泥坑桥老桥遗址	桥墩	1900	一般	废弃	无	乡村	高
	2	窑顶沟桥	桥墩、桥身等	1900	一般	使用中	火车轨道	乡村	高
	3	战沟桥	桥墩、桥身等	1900	一般	使用中	火车轨道	乡村	高
	4	居庸关山洞南口外桥	桥墩、桥身等	1900	一般	使用中	火车轨道	乡村	高
	5	四桥子铁路桥	桥墩、桥身等	1900	一般	使用中	火车轨道	乡村	高
	6	上关桥	桥墩、桥身等	1900	一般	使用中	火车轨道	乡村	高
隧道	1	居庸关隧道	隧道	1900	较好	使用中	火车轨道	乡村	高
附属建筑	1	詹天佑办公旧址	办公室建筑	1900	较好	使用中	展览	城区	高
	2	工人俱乐部	办公及居住建筑	1900	较差	空置中	居住	城区	较高
	3	职工宿舍	居住建筑	1900	一般	使用中	居住	城区	高
	4	万国饭店旧址	办公及居住建筑	1900	一般	使用中	办公	城区	高
	5	南口火车站附属用房	办公建筑	1900	一般	使用中	居住	城区	高
南口大厂建筑群	1	南口大厂风机房	车间	1900	较好	使用中	车间	城区	较高
	2	南口大厂客车修理车间	车间	1900	较好	使用中	车间	城区	较高
	3	南口大厂机车大修房	车间	1900	较好	使用中	车间	城区	较高
	4	机车检修库	车间	1900	较好	使用中	车间	城区	较高

4.3 昌平区京张铁路沿线遗产

昌平地区京张铁路沿线分布着大量的历史文化遗产，包括定福黄庄村景祥寺、南一村清真寺、沙河关帝庙、朝宗桥、楼自庄娘娘庙、昌平桥梁厂、北京首钢红冶钢厂、上念头村九圣庙、南口城、南口村东岳庙、李公墓、臭泥坑村墓地、马国柱墓、南口清真寺、南口宝林寺、北京鹿牌保温瓶厂旧址、孙公墓、居庸关云台、穆桂英点将台、上关城、四桥子村摩崖造像等。建设年代从元明清到新中国成立后，遗产类型多样，与铁路遗产相互补充，构成独特的文化景观带。

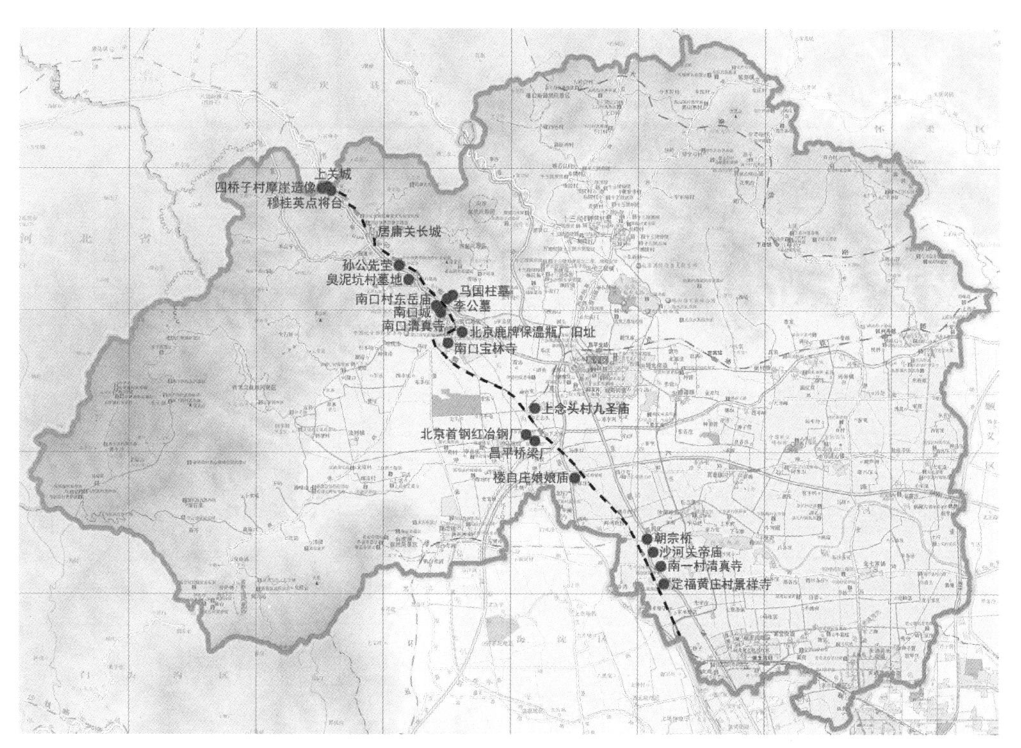

图4-6　昌平京张铁路周边主要遗产分布图

昌平铁路周边遗产保护情况调查统计表　　　　表4-2

类别	编号	名称	遗产构成	建设年代	保存情况	管理状况	是否开放	使用功能	周边情况	保护级别
文物点	1	定福黄庄村景祥寺	仅存前殿	清	差	使用中	否	居住	城区	
	2	南一村清真寺	山门、礼拜殿、讲堂、附属用房	清	较好	使用中	是	办公及宗教活动	城区	昌平区文保
	3	沙河关帝庙	古建筑	民国	较好	空置	否	其他用途	城区	昌平区文保

续表

类别	编号	名称	遗产构成	建设年代	保存情况	管理状况	是否开放	使用功能	周边情况	保护级别
文物点	4	朝宗桥	石桥	明	较好	使用中	是	交通	城区	北京市文保
	5	楼自庄娘娘庙	正殿	民国	一般	空置	否	无人使用	城区	
	6	昌平桥梁厂	工业遗产	中华人民共和国	较好	使用中	否	工农业生产	城区	
	7	北京首钢红冶钢厂	工业遗产	中华人民共和国	一般	使用中	否	工农业生产	城区	
	8	上念头村九圣庙	正殿	清	较差	空置	否	无人使用	城区	昌平区文保
	9	南口城	城墙、城门、马面	明	差	无人使用	是	无人使用	村镇	国家文保
	10	南口村东岳庙	前后殿	清	一般	使用中	否	教育场所	村镇	
	11	李公墓	四柱三间牌坊、望柱、石虎、浮雕像、二柱一间牌坊	明	一般	无人使用	是	开放参观	村镇	昌平区文保
	12	臭泥坑村墓地	墓碑	清	较差	无人使用	否	无人使用	村镇	
	13	马国柱墓	墓冢、魑首龟趺墓碑	清	较差	无人使用	否	无人使用	山地	昌平区文保
	14	南口清真寺	礼拜殿、北讲堂	清	较差	使用中	是	宗教活动	村镇	昌平区文保
	15	南口宝林寺	山门、前殿、中殿、后殿、南北配殿、南北配房	民国	较好	使用中	否	教育场所	村镇	昌平区文保
	16	北京鹿牌保温瓶厂旧址	吹制车间、加工车间及办公楼	中华人民共和国	较好	使用中	否	工农业生产	村镇	
	17	孙公墓	石牌坊	明	差	无人使用	是	无人使用	山地	昌平区文保
	18	居庸关云台	云台	元	较好	使用中	是	开放参观	山地	国家文保
	19	穆桂英点将台	石刻	明	一般	无人使用	是	无人使用	山地	昌平区文保
	20	上关城	寨堡	明	差	无人使用	否	无人使用	山地	国家文保
	21	四桥子村摩崖造像	石刻	明	一般	无人使用	是	无人使用	山地	昌平区文保

第5章 昌平区铁路遗产专项研究

5.1 主要车站遗产

（1）黄土店老站房

黄土店老站房位于北京市昌平区同成街南侧，该站建设于 1966 年，其东南侧建有一新黄土店站，现为 S2 线列车始发站。黄土店老站房保存情况较好，管理状况为关闭状态，目前已不承担车站的购票和承接旅客的功能。现面临的主要问题为空置车站的管理和使用。

图 5–1　黄土店站（2017 年）

图 5–2　黄土店老站房手绘图（2017 年）

（2）沙河站

沙河站位于昌平区沙河镇站前路，东侧紧邻站前路、青草地幼儿园，东南侧为北京市昌平区益明医院。该车站现状建筑建设于 1986 年，现为 S2 线列车途经站，保存情况一般，使用情况为空置状态，管理状况为开放状态。

图 5–3　沙河老站房（1909 年）

图 5-4　沙河站（2017 年）

图 5-5　沙河站手绘图（2017 年）

图 5-6　沙河站（2017 年）

图 5-7　沙河站（2017 年）

（3）昌平站

昌平站位于昌平区马池口镇，南侧邻近京铁昌平小区，东侧邻近北京利达基业商贸有限责任公司。该站建设于 1979 年，现为 S2 线列车途经站，保存情况较好，使用情况为空置状态，管理状况为开放状态。

图 5-8　昌平站（2017 年）

图 5-9 昌平站手绘图（2017 年）

图 5-10 昌平站（2017 年）

（4）南口站

南口站位于昌平区南口镇兴隆街北端与无名路交叉口东，南侧紧邻交通街，西侧紧邻南口站老站房。该站建设于近现代，保存情况较好，使用情况为使用状态，管理状态为开放状态，用以满足旅客的购票和乘车。

图 5-11　南口站（2017 年）

图 5-12　南口站手绘图（2017 年）

图 5–13　南口站（2017 年）

（5）南口老站房

南口老站房位于昌平区南口镇兴隆街北端与无名路交叉口东，南侧紧邻交通街，东侧紧邻南口站。该站建设于 1906 年，平面为矩形，砖结构，坡屋顶。保存情况较好，管理状况为关闭状态，使用状态为使用中，现主要用于安置电器设备。

图 5–14　南口老站房（1909 年）

图 5-15　南口老站房（2017 年）

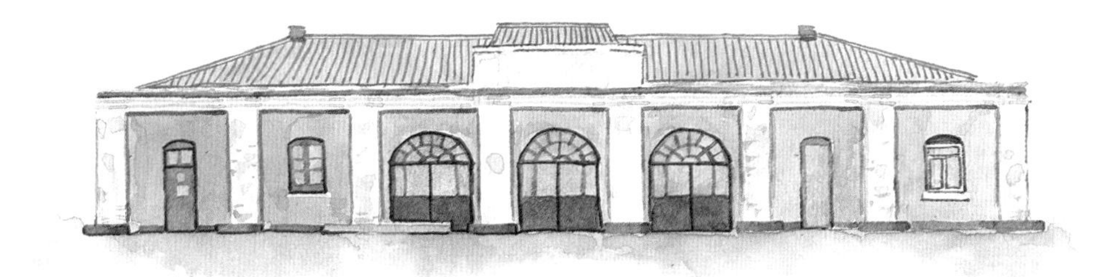

图 5-16　南口老站房手绘图（2017 年）

图 5-17　南口老站房（2017 年）

图 5-18　南口老站房（2017 年）

（6）东园站

东园站位于昌平区东园村西侧，西南侧为昌平区文物保护单位孙公墓，东侧为东园站老站房。该站建设于 1960 年，平面呈“L”形，坐东北朝西南，砖石结构，屋面起脊，面阔五间，现为 S2 线列车途经站，保存情况良好，管理状况为关闭状态，使用状态为使用中，现主要为办公室。

图 5-19　东园站（2017 年）

图 5-20　东园站手绘图（2017 年）

图 5-21　东园站（2017 年）

图 5-22　东园站（2017 年）

（7）东园老站房

东园老站房位于昌平区东园村西侧，西侧为东园站。该站建设于 1909 年，保存情况良好，管理状况为关闭状态，使用状态为空置中。

图 5-23　东园老站房（2017 年）

图 5-24　东园老站房（2017 年）

（8）居庸关站

居庸关站位于昌平区三桥子附近，北侧为京包线，西南侧为京藏高速，东南侧为居庸关老站房。该站建设于 1950 年代左右，现为 S2 线列车途经站，保存情况良好，管理状况为关闭状态，使用状态为使用中，现主要为办公室。

图 5–25　居庸关站（2017 年）

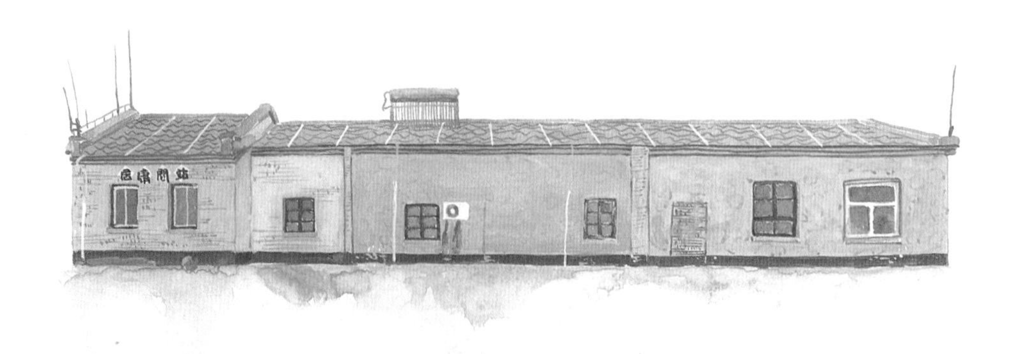

图 5–26　居庸关站手绘图（2017 年）

图 5-27 居庸关站（2017 年）

图 5-28 居庸关站（2017 年）

（9）居庸关老站房

居庸关老站房位于昌平区居庸关村北铁路的东北侧，南侧为京包线，西侧为外文印刷厂居庸关绿化基地，西北侧为居庸关站。该站建设于 1909 年，格局为两处独立院落，一为站房，一为附属用房。站房院落平面呈矩形，正房坐东北朝西南，砖石结构，筒瓦过垄脊屋面，面阔五间，该站保存情况较差，管理状况为关闭状态，使用状态为废弃状态。

图 5–29　居庸关老站房（2017 年）

图 5–30　居庸关老站房（2017 年）

图 5–31 居庸关老站房（2017 年）

图 5–32 居庸关老站房（2017 年）

5.2　主要桥隧涵洞遗产

（1）臭泥坑桥老桥遗址

臭泥坑桥老桥遗址位于昌平区南口镇臭泥坑村，桥已损毁（下图为新建桥）。

图 5–33　臭泥坑桥老桥遗址（2017 年）

（2）窑顶沟桥

窑顶沟桥位于昌平区东园车站附近，桥长 33.1 米，1960 年被改造加固。

图 5–34　窑顶沟桥（1909 年）

（3）战沟桥

战沟桥位于昌平区东园车站北侧，5 孔，桥长 92.2 米，1960 年被改造加固。

图 5-35　战沟桥（2017 年）

（4）居庸关山洞南口外桥

居庸关山洞南口外桥位于昌平区南口镇居庸关山洞南口，单孔，长 28.3 米，用木模板一次浇筑成型，桥墩与桥梁形成一个整体结构。

图 5-36　居庸关山洞南口外桥（1909 年）

（5）四桥子铁路桥

四桥子铁路桥位于昌平区南口镇居庸关行政村四桥子自然村，用木模板一次浇筑成型，桥墩与桥梁形成一个整体结构，两端与山体相联。券孔长 8.8 米，宽 6.1 米，券顶高 9.8 米，券孔下为水道。

图 5–37　四桥子铁路桥（2017 年）

（6）上关桥

上关桥位于昌平区上关城附近，三孔，用木模板一次浇筑成型，桥墩与桥梁形成一个整体结构。

图 5–38　上关桥（2017 年）

（7）居庸关隧道

居庸关隧道位于昌平区南口镇居庸关东山城墙下，现存上下行两个山洞，其中靠下的山洞为原建，长367.6米，宽4.43米，高5.2米，山洞券脸及门头为西洋式风格，有传统匾额，额题“居庸关山洞”，上款“光绪三十四年戊申四月工竣”，落款“苍梧关冕钧书”。

图5-39 居庸关隧道（2017年）

5.3 其他重要遗产

（1）詹天佑办公旧址

詹天佑办公旧址位于昌平区南口镇，独立院落，现存北房和东房，平面呈“L”形。北房七间，东房五间，外墙为清水砖砌筑，人字梁木构架，布瓦加灰梗屋面，雕花瓦脊，地面铺花砖。原房前有开敞式走廊，后改为封闭式。现作为厂史陈列馆使用，暂不对公众开放。

（2）工人俱乐部

工人俱乐部位于昌平区南口镇，并排三组院落。院内主要建筑为虎皮石砌筑，前接走廊，坡屋顶，波纹铁瓦屋面。院落大门保留有铁艺装饰，历史风貌保存较好。

（3）职工宿舍旧址

职工宿舍旧址位于昌平区南口镇，平面呈“L”形，为铁路职工宿舍区域，保存情况一般，管理状况为在用状态，目前仍作为后勤、宿舍等功能使用。

图 5-40　詹天佑办公旧址（2017 年）

图 5-41　工人俱乐部（2017 年）

（4）万国饭店旧址

万国饭店旧址位于昌平区南口镇交通街北侧，是京张铁路通车典礼时为接待各国来宾而建。院落有西洋式门楼（券洞上方门头缺失）。院内有南北对称建筑各四间，前接走廊，木框架玻璃窗，起脊大块波纹铁瓦屋面，主体建筑面阔五间、东向，前接走廊，攒尖式大块波纹铁瓦屋面。门内中间过道，两侧为单间。历史风貌保存较好，是京张铁路沿线唯一的饭店旧址。现被分隔为前后两部分，分属不同单位作办公用房使用。

（5）南口火车站附属用房

职工宿舍位于昌平区南口镇交通街北侧，西侧邻近南口站，东侧邻近万国饭店旧址。此处保存情况一般，管理状况为使用状态。

（6）南口大厂风机房

南口机车车辆厂近现代建筑遗存位于昌平区南口镇南口村，现存老厂房四座。一号厂房为砖木结构，东西向，面阔八间，进深一间，钢结构人字梁桁架，铁瓦楞瓦屋面，东山墙底部南端镶嵌奠基石，竖向刻字三行："中华民国廿四年十一月六日机务处处长杨毅奠基"。二号厂房为砖木结构，钢结构人字梁桁架，拱券门窗。三号厂房为砖木结构，钢结构人字梁桁架，入口作四个拱券门，采用层层递减的线脚装饰，券门上为三角山花，边框装饰同券门。四号厂房为砖木结构，两栋并联，钢结构人字梁桁架。

（7）南口大厂客车修理车间

南口大厂客车修理车间位于昌平区南口镇中车北京南口机械有限公司院内，此处保存情况较好，管理状况为使用状态，主要功能为车间使用。

（8）南口大厂机车大修房

南口大厂机车大修房位于昌平区南口镇中车北京南口机械有限公司院内，此处保存情况较好，管理状况为使用状态，主要功能为车间使用。

（9）机车检修库

机车检修库位于昌平区南口镇中车北京南口机械有限公司院内，此处保存情况较好，管理状况为使用状态，主要功能为车间使用。

图5-42　万国饭店旧址（2017年）

第6章 京张铁路核心价值

京张铁路是完全由中国自己筹资、勘测、设计、施工建设的铁路，全长200多千米，所蕴含的民族精神成为国人永远的骄傲。这条铁路工程艰巨，路途险峻、桥梁众多，路险工艰，在修建时诞生了至今仍让国人自豪的多项创举，是中国工程技术界的骄傲。京张铁路的胜利开通，曾在当时引起轰动。

其中，京张铁路（昌平段）是整条铁路至关重要的构成部分，沙河站（建于1905年）和南口站（建于1906年）为最早建成的车站。南口至八达岭段的铁路目前已被列为全国重点保护文物单位，是整条铁路线中保护最完好的段落。

6.1 历史价值

6.1.1 遗产分布具有完整的时间序列

京张铁路沿线保存了为数众多的遗产，部分遗产仍基本保存着其建成初期的形制与状态。昌平地区是京张铁路遗产保存最为丰富的地区，包括居庸关老站房、东园老站房、南口老站房、南口工程司处旧址、南口制造厂、南口材料厂、京张铁路办公室、南口万国饭店等，构成最丰富的京张铁路遗产群落，包含着京张铁路从建成之初和发展过程中各个阶段的历史印记。京张铁路从选线到建设，南口是最为关键的支撑点，由于地理位置居中，很多办公室、大型的修车厂和制造厂都设立在南口，成为了整条铁路线的指挥中心和大后方。对于京张铁路的成功建成，南口乃至昌平地区发挥了至关重要的作用。从昌平区的铁路遗产中可以还原当时铁路兴建、运营的全过程，对研究中国铁路发展历史具有非常重要的意义。

6.1.2 遗产历史作用突出、内涵丰富

京张铁路带动了铁路沿线尤其是各站所在地的经济社会发展，一百余年间持续起到了巨大的推动作用。尤以南口镇为代表，由于有了京张铁路才有了今日南口镇，这在中国城镇发展史上也是较为独特的。

抗日战争时期，1937 年日寇利用京张铁路，从张北地区向北平逼近。与此同时，中国军队同样乘坐京张铁路的火车驰援到南口地带，与日军进行了惨烈的南口战役，火车站、机厂都是重要的前沿阵地。此役造成日军伤亡约 1 万人，我方伤亡 33692 人。至今，在南口镇一些山区仍保留有坚固的大型碉堡。铁路、车站、碉堡、烈士纪念碑，以及该地区出土的大量战场遗物、烈士遗骸等共同构成了抗战史的见证体系。

6.2 科学价值

6.2.1 代表了当时先进的施工技术水平

京张铁路是中国铁路史的里程碑。京张铁路是铁路技术完全进入中国的标志，其技术突破是科学价值的直接体现。京张铁路的施工过程中,从南口至关沟段是施工难度最大的一段，平均坡度达到 3.33%。这一坡度是当时中国铁路修建有史以来的极限，工程难度远远超过了当时的工程技术能力。京张线路建成之后，中国的铁路修建技术得到了极大的提升，体现了京张铁路对施工技术水平提升的贡献，而南口地区的众多机车厂更是自力更生、自主研发的明证。

最突出的三大创举：一是“人字型线路设计”。由南口至八达岭段距离短、坡度大，铁路设计成“人字型”，火车先向侧方爬坡，到一定高度后再倒车行进。二是“双机牵引”。同样在这一地段，为了加大火车马力，火车前后都有动力机车，采取前牵后推方式行进。三是最长的“铁路隧道”。1092 米长的八达岭隧道，为我国铁路第一个超千米长的大隧道。

6.2.2 培养了中国最早的专业铁路工程师队伍

在京张铁路修建之前，我国铁路工程人员十分匮乏。京张铁路的修建过程中，培养出了众多中国铁路建设的中流砥柱，为我国此后的铁路建设培养和储备了人才。在当时列强侵略争夺中国铁路权益的形势下，培养出大量高水平的专业铁路工程师队伍，不仅是发展中国铁路事业的需要，更具有维护国家权益与民族独立的重要意义。

6.2.3 带动了中国铁路机车制造技术的迅猛发展

京张铁路修建过程中，由于关沟段最为险峻，为了兼顾铁路两端的施工和管理，詹天佑于南口建立了机器厂，即南口机厂。机器厂配有铸造厂、锤工厂、锅炉厂、模型厂、打磨厂、机车修理厂、修理客货车厂和油车厂等，从而保障了铁路建设的顺利进行，以及后期的机车维护。南口机厂的建立带动了中国铁路机车制造技术的迅猛发展，进而发展形成了现在的中车集团，让中国的机车制造技术持续保持国际领先地位。

6.3 文化价值

6.3.1 遗产本体具有较高的真实性和完整性

京张铁路的技术和艺术成就体现在留存下来的建筑遗产中，体现在这些车站、桥梁和隧道等建筑遗存中。在当时资金的限制下，因地制宜、就地取材，特别设计的一系列火车站房、工厂车间、办公楼及宾馆，形成了独特的京张铁路建筑类型。相较于京张铁路的其他路段，位于昌平区的京张铁路遗产完整性较高，如早期的车站站房、机车库办公室、职工宿舍和铁路旅店等；此外由于保护状况较好，遗产保持了较高的真实性。

6.3.2 铁路遗产群传承着自强不息的文化基因

京张铁路作为工业文明在中国崛起的象征之一，它的发展与变迁映射着中国百年近代化历程。1909 年，京张铁路举行了通车典礼仪式，在昌平南口火车站，有上万的中外嘉宾到场参加庆典。在众人的欢呼和庆贺声中，詹天佑发表了演说，他高度评价铁路工人的贡献："非有体力魄力，心灵手敏之人，莫克竣工"。京张铁路遗产群如同时代的烙印，见证着中国的发展，并在一代又一代的铁路工作者中传承着努力奋发、顽强拼搏的精神。

6.3.3 遗产隐含了丰富的先进思想理念和民族精神

京张铁路遗产，隐含了自信、包容、开放的民族精神和思想理念，对今天实现"全面建成小康社会"实现中华民族伟大复兴的中国梦，具有启迪作用，有待人们去发掘、整理、重新认识。

首先，京张铁路隐含了中华民族的"自信"精神。京张铁路是中国人自主设计、施工。整个工程没有依靠任何一个洋人或外国公司，体现出了高度的民族"自信"，蕴含着强烈的爱国主义精神；它记录了中华民族追求自主发展的艰难历程，承载了近代时期最先觉醒的一代中华民族仁人志士的梦想与辉煌。京张铁路建成后，孙中山曾视察过京张铁路，1949 年，毛泽东坐火车走过京张铁路中的一段。因此，京张铁路是爱国主义教育的"活"教材。

其次，敢于大胆引进的"开放"精神。京张铁路许多车站、桥梁、山洞的建筑风格和建筑方式都是中西合璧的现代建造方式。使用的机车中，也有许多大马力机车购置于英美等国。

据史料记载，詹天佑在设计和施工，更是大量查阅国内外资料，以供参考。一边建设一边制定科学的规范标准，在建设京张铁路过程中编制了标准图，成为我国自行制订的第一套标准设计图。整个 200 多千米的京张铁路，正是依靠严格的规范标准才保证了质量。

第三，蕴含了丰富多彩的人性化设计和建筑艺术。西直门车站上的跨铁路天桥、站台上可遮阳避雨的连廊，都是人性化设计的体现。而昌平地段极具魅力风格各异的站台，至今仍具有较高建筑审美价值，而遗存下来的站台、山洞、桥梁等，又体现了当时中国最高建筑技艺。

6.3.4 京张铁路昌平段是一段“文化线路”“美丽线路”

京张铁路带动了南口的发展，从而使得生活在昌平地区的人们形成了难以割舍的火车情怀。轰隆隆的铁路机车声是人们记忆中最亲切的印记，京张铁路在人们的成长中埋下了最难忘的记忆种子。此外，京张铁路经过多处文物古迹和风景名胜区，开通以来一直是观光旅游的重要线路之一。其中最为著名的是“关沟风景区”，这里山高谷深、山峦险峻、溪水湍急，春季百花盛开、夏季山峦叠翠、秋季层林尽染、冬季冰雪无瑕。沿途自古有“七十二景”之说，居庸关、云台、万里长城、南口城等古迹也是历史悠久、文化内涵丰富。由此这段被专家们称为一段“文化线路”“美丽线路”，是发展文化旅游、观光经济的宝贵资源，是长城文化带和西山永定河文化带重要的文化景观带。

6.4 社会价值

6.4.1 带动了沿线经济和产业发展

京张铁路的建成通车对沿线城镇的影响重大，以昌平区为例，由于它担负着张家口与京津和晋蒙广大地区的交通枢纽作用，铁路的连接使得昌平地区的相应站点成了人流量密集的市镇，直接促成了南口等市镇的形成，从而奠定了南口城市格局的基础，更给昌平地区带来了近代文明之光，促进了区域经济和工业的蓬勃发展。

6.4.2 开拓出遗产活化利用的新路径

从南口到八达岭的关沟段历史上就是关内外商贸往来的必经之路，商贾、文人墨客途经此处，留下了大量的历史遗迹。京张铁路的顺利通车，缩短了交通时间、降低了交通成本，极大地促进了两地间的商贸交易以及文化交流，带动了沿线旅游观光事业。冰心等作家就曾出版有《平绥沿线旅行记》等书籍。

近年来，从黄土店站出发的 S2 线京张铁路观光列车，经过南口、居庸关，承载着历史的气息，试图打造新时代的铁路游览风尚，唤醒人们对于工业文明的热情和中华民族复兴的记忆，持续不断地在探索着遗产活化利用的新途径。

第7章 铁路遗产保护实践研究

7.1 国内铁路遗产保护案例及其启示

7.1.1 芭石铁路

芭石铁路东起四川犍为县岷江河畔的石溪镇，西至犍为县与沐川黄丹交界的芭沟镇，全长 19.84 千米，正式修建于 1958 年 8 月 14 日，到 1959 年 7 月 12 日建成通车，由于轨距窄（很少见的 762 毫米轨距，使用 24 千克 / 米钢轨）、弯道多（共有 200 多道弯：S 形、马蹄形、剪刀形等）、坡度大（平均坡度 30‰，最大 36.1‰）、隧道多（全线 6 个隧道，最长 224.4 米，最短 49.6 米）、使用老式蒸汽机车，所以也被称为“老爷火车”。1937 年抗日战争爆发，原位于河南焦作的中福煤矿被迫南迁，1938 年辗转到四川，由于芭沟镇蕴含有优质煤炭资源——嘉阳煤矿产，翁文灏（中国第一位地质学博士、原国民政府行政院院长）以及孙越崎（号称中国“煤油大王”、原国民政府资源委员会委员长与经济部部长）一起创办了嘉阳煤矿。为运输煤矿而修建的芭石铁路也随之应运而生。

芭石铁路虽然只是一条长不到 20 千米的窄轨铁路，但其保留的以蒸汽机车为动力的牵引方式、原始的蒸汽机车操作技术（人工加煤，人工烧锅炉烧煤以产生蒸汽传动）等，可以说芭石铁路细致而完整地保留了工业时代的特征，甚至被称为是中国工业革命的“活化石”。由于历史上一直为嘉阳煤矿运输而服务，芭石铁路又被称之为“嘉阳小火车”。由于嘉阳集团保护和小火车首任司机岑正明的力挺，芭石铁路与嘉阳小火车得以保存下来。

图 7-1　芭石铁路嘉阳小火车

2006 年 4 月 18 日，四川省乐山市政府将其列为工业遗产加以保护。近年来，四川当地政府对芭石铁路进行了景观修缮、功能升级和旅游线路打造，以达到对芭石铁路进行整体保护与持续运营。

对于芭石铁路的保护与开发采用了完整保留的方式，不只保留了机车、线路及其铁路附属设施，还保留了沿线文化景观与地理景观，并极力保持着原来的工业景象：让小火车一直处于运行状态当中。整体保护基础上的功能再造以及旅游开发，使得芭石铁路积极地对应上了时代的需求，并同社会的发展一同前进，是铁路工业遗产整体动态保护值得参考的宝贵实践。

7.1.2　阿里山森林铁路

1899 年，台湾由于甲午战争签订的《马关条约》被割让给日本，日本为转运阿里山的木材开始规划兴建阿里山铁路。阿里山铁路共长 71.4 千米，轨距为 762 毫米，分为平地与山地两线段，平地段指嘉义至竹崎段，长 14.2 千米，山地段为竹崎至阿里山线段，长 57.2 千米。阿里山铁路虽然全长只有 72 千米，共有 23 个火车站，但却跨越 30~2450 米的高度，经历热带、亚热带、温带、寒带四个气候带，坡度达到了 6.6%。旧北门车站，站房建筑以阿里山的红桧为建筑材料修建，建成于 1912 年，是指定的重要古迹。此外还有独立山蜗牛型展线，是最著名的线路之一。阿里山森林铁路是世界著名的登山铁路之一，与印度大吉岭喜马拉雅铁路、智利阿根廷安第斯铁路等齐名。

1920 年以后，阿里山森林铁路开始积极开办客运业务，并将山区的旅客列车、观光列车开通运营。1921 年，66.6 千米的嘉义至二万坪段宣布通车，1924 年，再延长至阿里山并逐渐增设支线。从 1962 年起，阿里山森林铁路的牵引机车由蒸汽机车转为内燃机车。1980

图 7–2 阿里山森林铁路

年代之后，森林资源逐渐萎缩，铁路货运量下降，阿里山森林铁管委会开始思索铁路的出路，从 1983 年实验开发由蒸汽机车牵引的旅游列车，受到人们欢迎，到 2008 年 6 月 19 日成立“宏都阿里山公司”阿里山森林铁路开始了它的民营化经营管理道路。

阿里山森林铁路的民营化道路包含了“民间兴建营运后转移模式”的 BOT1 模式，这种模式是有效利用民间资本进行公众基础设施投资的重要形式，可以有效地收集和活化社会资金并带动民众参与经营管理的积极性，同时缓解政府的压力，最终达到提升城市整体生活环境和人民生活水平的目的。比如英法海底隧道工程、台湾高速铁路工程等即用此种模式。2016 年铁路的日常经营管理问题全面移交给台湾铁路局，但产权仍属林务局。同时，阿里山森林铁路还通过与日本的铁路联结姊妹铁路，学习其开发管理模式并共同推动旅游开发，也提高了国际知名度。其管理模式的尝试是值得学习借鉴的经典实践案例。

7.1.3 个碧石铁路建水至团山段

1910 年滇越铁路开通，火车的速度和惊人的运输能力震撼也启发了当时的滇南矿主们。为了便于将个旧的锡矿转运出去，而不落到帝国主义的手中，当地的绅商联名上书修建个碧石铁路（也称个碧临屏铁路），是中国第一条民办铁路。个碧石铁路建于 1915 年 5 月，21 年后建成，全长 177 千米，分为三段：个碧铁路（个旧至蒙自碧色寨）、鸡临铁路（鸡街至临安（建水））和临屏铁路（临安至石屏）。1970 年后为与滇越铁路并轨，改为米轨（1000 毫米）。目前开通的线路就是其中建水至团山的部分。

2003 年，个碧石铁路停止客运；2010 年 1 月 1 日，货运也全面停止。2012 年 8 月 8 日，建水古城旅游投资有限公司成立，注册资金 2.5 亿元人民币，是建水县委、县人民政府共同成立的国有独资公司，公司代表政府对建水县的旅游资源进行管理和开发，负责古城的

图 7–3　个碧石铁路建水至团山段

基础设施建设、资源整合开发、资产管理运营以及优势旅游产品打造。2014 年，建水县人民政府与昆明铁路局正式合作，2015 年 5 月个碧石铁路建水古城至团山段小火车线路正式开始运营。目前开行的线路全程约 12.82 千米，包括临安站、双龙桥站、乡会桥站和团山站四个站点。在这条小火车线路中，除了可以领略到沿途优美的自然风光、乡野田园的农耕景象，还有丰富的建筑遗产：建水的传统古寺古庙古楼、古井古桥古阁，以及入选世界纪念性建筑遗产保护名录的传统民居聚落团山村，此外各站点的站房建筑也极具特色，包括民国时期纯中式、中西合璧式、纯法式建筑等。自开业以来运营良好，目前每日发车两班，早 9:00 与中午 14:30，约一个半小时到达团山站，去程每个站点都设停靠，回程则不设停靠。节假日时间调整并增开一班，为早 8:00、午 12:00、晚 16:00 三班。往返票价软座 120 元 / 人，硬座 100 元 / 人。由于小火车线路是建水古城旅游开发的一部分，所以景区间实行相互借力的优惠模式，持建水的任意景区购买的门票可以抵扣小火车票款 30 元。

建水县城依托其丰富的旅游资源，举全县之力将小火车开办起来，并以此为桥梁连接县内的各个景点是一举多得的旅游开发策略，而且，委托旅游开发公司全权负责经营管理，引入产业化的运营模式，在保护历史遗迹尤其是铁路遗产的同时，创造了客观的经济效益，也是其他铁路线路可以参考借鉴的案例。不过，现在小火车运营不久，未来发展情况如何，还有待进一步观察。

7.2 国外铁路遗产保护案例及其启示

7.2.1 英国铁路遗产保护实践

（1）建立静态博物馆与活态博物馆

公认的世界第一条铁路 Oystermouth Railway 诞生于英国，虽然是由马牵引车厢在铁轨上运行，但却从此奠定了英国在铁路运输技术发展以及铁路遗产保护中的绝对领先地位。英国是目前欧洲范围内铁路遗产保存最为完善的国家之一。英国也是最早开始进行铁路遗产研究与保护工作的国家。如 1857 年在伦敦建立的南肯辛顿博物馆（后扩展为伦敦科学博物馆），就开始收藏与铁路相关的历史物件。除了建立静态的博物馆，英国铁路遗产保护的最大特点是“动态化博物馆保存”，建立活态博物馆。这一方面体现在博物馆的展品上，博物馆中关于铁路工业的藏品会根据时代的发展和科技的进步将淘汰的文物和最新科技成果进行补充，最终形成的科技博物馆包含工业科技展览功能以及铁路工业遗产保护功能。另一方面在于对铁路遗产热情的传承。在 19 世纪末，为铁路迷创办的铁路杂志就开始出版，种类多样，覆盖范围面广，而且一直持续至今，从未断刊。此外，由于英国是工业革命的发源地，英国人对于工业革命中的铁路有着深厚的情感。20 世纪 60 年代，就有民众挺身保护比坎大斧（Beeching Axe）数条通过峰区的铁路线，民众建立雕像对此纪念，以表达对铁路的热爱以及对漠视历史的反抗精神。

（2）成立铁路遗产保护组织与信托机构

对铁路线路的动态保护中，最重要的一项就是让铁路运转起来。让动起来的铁路本身作为活的博物馆。在铁路线路与车站的保护过程中，英国以成立保护协会和信托机构的形式为铁路遗产保护做出了具有时代意义的积极尝试。

始建于 1865 年的泰勒林铁路（Talyllyn Railway），位于英国威尔士中北部的温格内德郡，总长 11.67 千米，轨距为 686 毫米，蒸汽车牵引，原是采石场的铁路货运线运送石板，属于私营窄轨。1946 年采石场关闭，勉强运行至 1950 年泰勒林铁路面临着被拆除转卖的危险。得益于 1951 年罗尔特（L. T. C. Rolt）与其他铁路爱好者一起成立的“泰勒林铁路保护协会”（Talyllyn Railway Preservation Society），泰勒林铁路得以保存，成了世界上第一条被保护的铁路线。由于借鉴了国家信托（National Trust）的托管方式，原业主放心地将铁路线移交给了协会，铁路协会负责铁路的运营与管理，修复机车头、车厢、信号系统、车站等，然后最重要的是让铁路“动”了起来，让其正常地运营而不是只是在博物馆里陈列。协会用于管理的资金来源于会员的会费收入、慈善捐款等，运行方式主要是义工担任工作人员进行维持。

“泰勒林铁路保护协会”这种非盈利的志愿者组织方式，影响了之后的众多支线铁路的保存运动。如 1960 年成立的“风信子铁路保护协会”（Bluebell Railway Preservation Society），将英国第一条标准轨蒸汽机车支线保护了下来（见图 7-4）。以及 1975 年成立

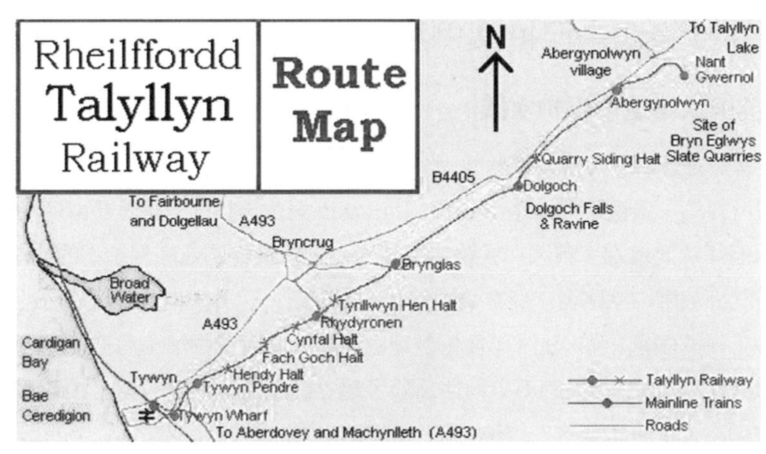

图 7–4　泰勒林铁路路线图

的“利物浦车站保护协会”（Liverpool Road Station Society，LRSS），通过协会的不懈争取，利物浦车站旧址得以保存，现在改造为工业与科学博物馆（Museum of Industry and Science）。此外，曾在 1977 年英国遗产保护机构 SAVE（Save Britain’s Heritage，成立于 1975 年）举办了题为“Off the Rails”展览。1984 年，英国铁路遗产信托（Railway Heritage Trust）成立，将铁路遗产进行登记注册，并负责对铁路遗产维护工作的运营管理。次年，在铁路遗产信托下已经注册 630 个铁路历史建筑；到 1997 年，达到 1256 个；到 2000 年，达到 2000 个，其中不止有铁路建筑遗产，还包括铁路线路。

7.2.2　法国铁路遗产保护实践

（1）分散和细化铁路遗产保护部门

法国是位居全球第一的旅游大国，每年接待数以万计的各国游客。高度发达的铁路网是旅游事业的保证，高速铁路 TGV 最高时速可达 350 千米 / 小时，同时保留下来的大量古典铁路线路以及火车站房，让游客可以充分感受到法兰西科技、文化与艺术交融的厚度。

法国铁路网络密集，如果保护铁路遗产的任务全由中央调控，难免鞭长莫及，所以在法国保护铁路遗产被分散与细化到各个铁路部门中，如全国的 52 个铁路机务段，分别负责维护自己辖区内的铁路遗存，并且积极展示铁路文化。这种注重铁路整体性保护的措施，被称为“大铁路文物保护”策略，使铁路遗产保护起来的同时，如春雨润物般将铁路遗产保护的理念深入而广泛的传播开来。

（2）注重遗产的改造再利用

对铁路遗产的改造再利用是一种使遗产可持续发展、动态的保护策略。首先，如果只是一味拆除原先的铁路遗迹如火车站等，由于原先站房所处位置的地价上涨，短时间内虽然可以赚取一笔可观的收益，但是原先站房代表的场所精神与历史价值就消失了，是无法复现的，

图 7-5　奥赛火车站

图 7-6　奥赛博物馆

尤其当原站房具有较高艺术与文化价值的时候就更是如此。鉴于以上的隐忧，注重文化传承的法国，认为对铁路遗产最佳的保护方式就是对其进行改造再利用，使其再次衍生出新的功能意义。位于巴黎的奥赛博物馆是最具说服力著名的例子。1898 年，为了迎接万国博览会，巴黎奥尔良铁路公司修建火车站，工程历时两年，于 1900 年万国博览会开展前通车。

奥赛火车站由于独特的地理位置与代表意义，法国政府投入了大量的精力进行设计与修建，建成后便成为了法国最壮丽的火车站。但是后来却逐渐衰落，到 1961 年，奥赛火车站已被荒废了 30 年，法国国家铁路公司决定将地皮卖掉，重建一座旅馆。但之后几任政府的努力扭转了车站的命运，并让车站得以被登记保护，重新改造为卢浮宫的附属建筑用来展示 19 世纪的艺术作品。改造后的奥赛火车站变成了美术馆，并以收藏印象派作品而闻名。后期进一步发展成为奥赛博物馆，奥赛博物馆的成功为其他铁路遗产的保护与开发提供了宝贵借鉴和经验。此外，还有巴黎“细腰带”之称的环城铁路，始建于 1852 年，如今也被改造为全新的高架公园，在给市民提供公共游览环境、动植物栖息环境的同时，也让废弃铁路获得重生。

7.2.3　德国铁路遗产保护实践

德国铁路遗产保护经验是以技术创新带动的铁路遗产保护。“德国制造”不只代表着德国的工业品质还反映出德国对于工业制造的态度。铁路机械就是工业制造的杰出代表。在德国大城市都可看到铁道及工业博物馆，德国至今保存着上百台蒸汽机车。铁路遗产的动态保存体现在铁路博物馆里保存的物件不是历史的遗迹而是激发科学创新精神的催化剂，让青少年在观看与体验的过程中了解人类文明的轨迹，探索未来发展的可能。所以，对铁路的保存是利用创新的科技提升原有铁路，如伍珀塔尔空中铁路（Wuppertaler Schwebebahn），简称“空铁”（Schwebebahn），位于德国伍珀塔尔的悬挂式单轨铁路。该系统是世界上最老的电气高架悬挂式铁路，系统独立运行，虽历经战争与各种事件，从 1901 年建成以来却几乎从未停止过运营，而且至今运行良好。

图 7-7　伍珀塔尔空中铁路

7.2.4　美国铁路遗产保护实践

美国铁路遗产保护经验是通过建立科研机构来推动铁路遗产的保护。得益于工业发展，美国是无可非议的铁路大国，拥有全球最密集的铁路网络及最长的铁路里程。但二战以后，由于公路与航空的冲击，美国铁路开始衰败，随之遗留下了众多的铁路遗产。现在，美国把大量的研究精力投入到了铁路研究与保护中。研究机构涉及铁路遗产的各个方面，包括铁路建筑、铁路设备以及铁路历史文化等等。美国的铁路遗产保护项目由联邦政府和铁路企业共同资助，确保了研究机构的长效发展。此外，全美建有 300 多座铁路博物馆，200 条以上正在运营的“遗产铁路”，并引入“景观都市主义”将城市中的铁路线路改造，如著名的纽约高线（High Line）公园。

直接促进美国铁路遗产保护的社会事件是 1963 年在一片反对声中被拆毁的宾夕法尼亚火车站，虽然理由主要是火车站作为纽约地标建筑，但却是此后关于铁路遗产保护问题的重要反面引证。1965 年纽约市地标保护委员会成立，有效地挽救了纽约中央车站。到 1970 年，宾夕法尼亚中央铁路以及另外 6 家东北铁路公司破产，为援助处于颓势的铁路系统，1973 年美国国会通过了《地方铁路重建法》，1976 年又通过了《铁路复兴和管理改革法》，规定政府为铁路复兴事业的资金与政策支持，从立法的高度来保证了铁路遗产的保护工作。从而促进了美国铁路遗产研究机构的发展，使得大量的铁路遗产得以有效地保留下来。

图 7-8　高线公园

7.2.5　日本铁路遗产保护实践

在日本，铁路遗产保护经验是建立以铁路企业为主体的保护模式。

日本有着高效、表现卓越的铁路系统，日本是世界首个建成高速铁路的国家，并以世界上最准时、提供最佳旅客服务的铁路之一著称。以新干线为代表的日本高速铁路不但推动了日本发展，更带领全世界进入了高铁时代。

日本的铁路保护机构成立相对较晚，但是发展非常迅速，目前已经有三十余家与铁路相关的博物馆或展览馆。日本特别注重对铁路遗产文化和历史价值的挖掘，除了建设大量的铁道博物馆对铁路文物进行保护和对国民进行普及教育外，还会对本国铁路历史遗产进行调查，将铁路遗存依据其具有的不同历史价值指定为“铁道纪念物”和“重要铁道纪念物”，然后加注“铁道纪念物”的标志。1980 年代，日本国有铁路进行基础改组及民营化，日本国铁按其所在地区分割为 7 家公司。在铁路私有化后，各大铁路公司成立了各自的保护协会，保护自己管辖范围内的铁路遗存。日本铁路特别的运营模式，产生出以铁路运输企业为主体的保护模式，使得铁路遗产保护成为公司铁路文化的组成部分。

7.2.6　印度铁路遗产保护实践

印度以积极发展铁路旅游业来带动铁路遗产的保护与再利用。由于印度有三条铁路入选联合国世界遗产名录，使得印度成为了拥有铁路遗产数量最多、里程最长的国家。同为发展中国家，印度在铁路遗产保护领域付出的努力与取得的成绩对于中国而言有着最为直接的借鉴意义。

19 世纪由于印度是英国殖民地，印度成为亚洲最早开始修建铁路的国家。1853 年 4 月 16 日，孟买到塔纳的铁路开通，印度开始有了第一条铁路，此后，由于印度庞大的人口基数与人们对出行的需求，印度的铁路一直在持续发展。20 世纪以来，由于印度铁路本身具有的工业遗产价值以及喜马拉雅山脉壮丽的自然景观，印度政府积极的将铁路线路申请世界遗产，1999 年第一条印度铁路世界遗产诞生。在建设于英国殖民时代的“大吉岭喜马拉雅铁路”被列入联合国“世界文化遗产”名录之后，印度又有两条铁路线路入选。目前拥有的 3 条铁路遗产如下表所示：

印度三条铁路遗产概况　　表 7-1

名称	建设时间	申遗时间	机车	轨距（毫米）	长度（千米）	特征
大吉岭喜马拉雅铁路	1879	1999	蒸汽机车	610	88	高山铁路
尼尔吉里铁路	1908	2005	蒸汽机车	1000	46	齿轮轨道
卡尔卡－西姆拉铁路	1898	2008	蒸汽机车	762	96	102 个隧道、864 座桥

以第一条入选铁路大吉岭喜马拉雅铁路为例，铁路位于喜马拉雅山南麓，是印度最早开始修建的铁路之一，连接印度西孟加拉省的大吉岭和西里古里，线路全长约 88 千米。修建大吉岭喜马拉雅铁路，主要是为了将著名的大吉岭红茶和优质木材运送出来。铁路的开通，不仅降低了该地区的运输成本、改善了大吉岭地区的交通状况，也使得当地的居民可以与世界联通。但由于铁路修筑在高低起伏的山地之间，加之印度洋雨季经常带来的大风与强降水，铁路线路的日常养护费用很高，一直属于亏损状态。但印度政府并没有因为高昂的维护成本就放弃铁路，反而为了使铁路继续运营下去，印度政府想了很多种办法。最后决定改变线路的运营方式，在保存原有铁路车辆设备和工业遗存的前提下，大力发展铁路旅游业。1962 年，铁路的西里古里站延长了 6 千米，与印度的宽轨铁路进行连接，便于转送旅客。同时，还成立了专门负责该线路旅游宣传的机构。目前，大吉岭喜马拉雅铁路已经成为高山铁路的代表，吸引着全世界的游客。

首先系统梳理与整合铁路本身具备的独特资源，然后在宣传上重点突出高山窄轨铁路的独特技术，再依托丰富的铁路工业遗产资源，印度政府通过积极申遗而对铁路进行世界性的宣传，然后大力发展旅游业，最终对铁路遗产达到了系统性的保护和开发。

7.2.7 案例研究探讨

纵观各国的铁路遗产保护经验，虽然不同国家由于国情不同，处理方式各不一样，但有一点是相似的，就是政府与民间双重力量的共同投入。只有政府层面的政策支持、群众层面

图 7-9 印度大吉岭喜马拉雅铁路

的团体呼吁、学术机构的价值观牵引再加上民间资本的投入，才可以最终让铁路遗产有效保存下来。这些力量的叠加，并不是朝夕可以达到的，全社会对工业文明遗产保护意识的形成才是关键。

铁路遗产与站房建筑等遗产群落的关系并不只是简单的包含与被包含，铁路遗产的整体可以借力站房建筑的个别优势，反之站房建筑也能因为铁路的整体性保留而被保存下来。国内已经开始铁路遗产动态保护的尝试，是京张铁路遗产保护利用工作比较好的借鉴，但仍需要根据具体情况探索适合的保护利用路径。其他国家的铁路遗产保护经验，历史悠久、保护经验丰富、社会参与度较高，也能为京张铁路的遗产保护提供很好的参考和借鉴。

当然，除了铁路遗产保护利用案例，因京张铁路沿线保存了众多的工业遗产，国内外工业遗产的保护利用案例也值得借鉴。国内外在工业遗产保护利用方面也进行了大量探索，例如西班牙毕尔巴鄂老工业区引入古根汉姆博物馆，打造成博物馆展示集群；杭州市利用拱宸桥桥西历史文化街区的老厂房，建立了京杭大运河畔的博物馆群落；北京朝阳区的 798 艺术区也是利用原国营 798 厂等电子工业的老厂区改造而成；而青岛啤酒厂、上海玻璃厂等老厂将工业生产展示、文创开发及旅游进行整合，已成为国内知名文创旅游景点；我国最早的大型造船厂——福州马尾造船厂，近年来也是将原有的船政绘事院（船舶设计所）开辟为厂史陈列馆，陈列舰模、图片、实物等，展现我国造船史、海军史，形成了以“工业遗产旅游与现代造船工业观光、现代工业园观光”一体化的旅游景点。上述案例，为南口京张铁路老机厂和城镇的转型、融合发展提供了宝贵的经验。

第8章 保护利用对策建议

8.1 以管理措施夯实遗产保护基础工作

8.1.1 实施遗产信息化管理

2022年第24届冬奥会将在北京和张家口举办，为增强两地的联系新建京张城际高铁，并设立崇礼支线直接服务于冬奥会场馆所在地。新的京张城际铁路建设必将带来更大的社会和经济效益，同时也给百年老京张铁路的保护与管理带来了新的挑战。比如，西直门至昌平地区的部分老铁路线路随着新的建设逐步拆改，原有的老车站、机车库、老厂房也许将就此退出历史舞台，基础数据的研究、采集、记录等工作刻不容缓。随着大数据技术不断发展成熟，数字化、信息化在各领域被广泛地普及应用。遗产的信息化是文化遗产保护领域的发展方向和必然趋势。通过将文物遗产信息数字化处理，可以建立文物遗产数据库，从而更方便地对文物信息进行存储、增删、修改及查询。同时，基于通用的数据格式，不同数据库之间可以实现互联互通，让文物遗产成为真正面向所有公众开放的公共文化财富。

对于京张铁路，相关基础数据繁多但比较分散，应加大研究力度及支持力度对其进行信息化建设，首先系统考察铁路沿线的文物，对每个站点的文物进行登记建档，记录文物本体信息，如建设地点、建设时间、建设者、建造物的面积、高度、材料、建造方法以及建设风格等；其次，记录下文物本身的损坏情况，以及每次维修的部分等，完善基础档案，实现遗产管理信息化、数字化；再次，基于以上两点，编制京张铁路遗产的专项保护管理规划，明确其遗产构成和保护管理要求。

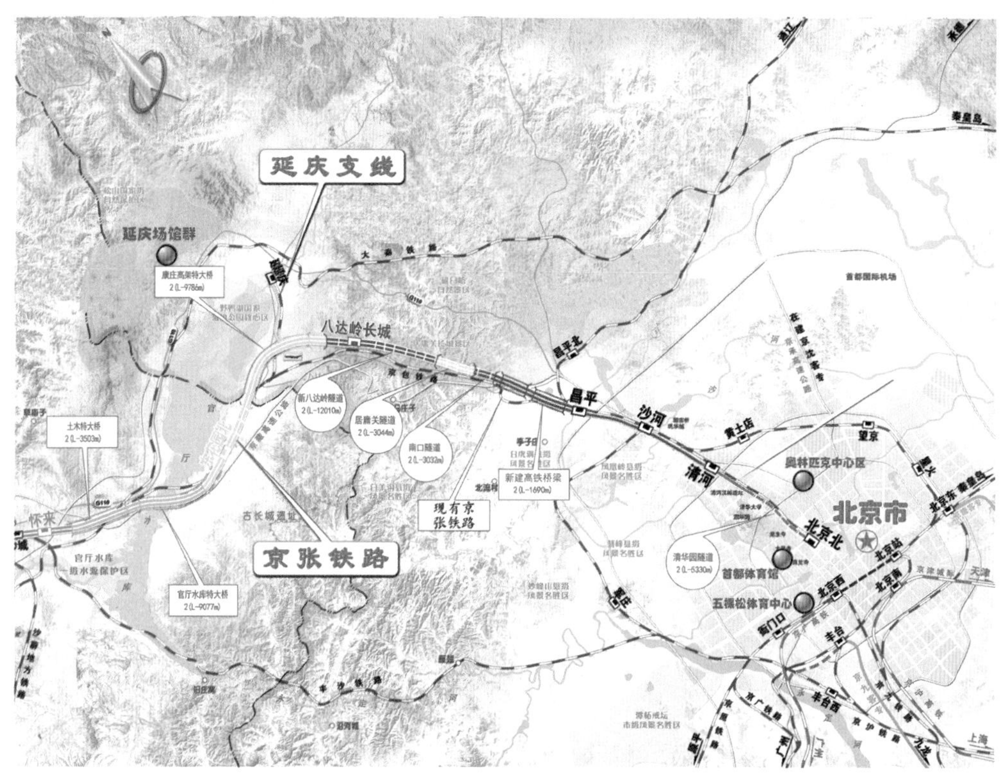

图 8–1　新建京张铁路（北京段）线路示意图

最后，建立相应的遗产管理网站，设置专用的维护监管接口和通用的访问接口，专用的接口便于审核及监管，通用的接口便于与普通用户连接。参考英国布里斯托的案例，城市管理者设立“Know Your Place”（了解你的地方，下面简称 KYP）网站，成为了当地居民穿越过去的时光机，同时也让他们了解这座城市，包括自己居住的社区。通过这些数字遗产共享方式，一方面将京张铁路的数字化信息向公众开放，加强宣传展示，鼓励所有用户浏览、关注及纠错，一方面将遗产信息化的工作进行知识共享，以“公众考古”的方法让所有遗产爱好者参与进来，贡献自己的知识及收集到的遗产信息，丰富遗产数据库，为保护利用工作奠定基础。

8.1.2　建立良性循环管理制度

文物遗产的维护离不开日常的定期巡视。有效的定期巡视有助于及时的发现文物遗产在自然环境下发生的自然损耗、人为破坏或其他突发性损坏，如火灾、暴雨、暴雪或飓风等。通过及时地发现问题，文物遗产的维护人员进而可以及时解决问题，将隐患排除。对于在使用中的文物遗产，巡视制度可以与现行的管理制度相结合，工作人员在工作中即可达到巡视的作用；由于京张铁路线路大部分仍然在使用中，建议对于京张铁路的巡视制度与铁路线路的日常运行工作相结合，使得铁路的维护与铁路的使用相结合，从而高效地进行京张铁路文物遗产的定期检查和维护。对于已经不再承担实际职能的文物遗产，需要单独设立巡视小组，进行定期的检查和维护。

尽快形成科学的保护修缮体系。建立定期巡视制度和数据记录制度后，可根据文物的保护情况，确定需要修缮的文物以及待修缮的部分，研究传统的建造材料和建造技术，逐步对文物进行科学的适度修缮，并记录下每次的用料、方法和修缮负责人，将文物修缮过程进行记录存档；作为文物遗产，修缮方案应事先报送文物行政部门进行专业的审查，结合使用功能需求共同协商，而不是铁路部门自行决定如何进行维修。调研中发现，很多车站建筑由于没有及时修缮，或相关的施工技术未严格遵照传统技艺和原有工艺做法，或过度修缮，缺乏专业指导，容易“好心办坏事”，对遗产本体和价值信息造成了一定的损坏。今后应通过专业流程和专业方法的引入，避免类似情况的发生。

应建立良性循环的保护管理机制。文物保护、管理、利用工作不是一蹴而就的，京张铁路遗产同样如此。应坚持“研究—保护—回顾—研究”这样一种工作流程的良性循环。基于现状调研与基础研究资料，后续应逐步对整个保护管理工作体系进行梳理，针对其管理体系存在的问题与不足，制定专项的铁路遗产文化旅游与保护利用规划，从而得到后续保护利用工作的指导思路与改进方向。具体管理利用工作中可先期采用三维激光扫描、全景影像等现代勘测记录手段，探索建立铁路遗产全息数字化档案记录系统，每隔3~5年定期实施监测和回顾性评估与总结改进管理利用工作；坚持文物保护利用服务于当代社会这一理念与思路，不断回顾和改进管理工作与活化利用方式。

8.2 以文化科技融合推动遗产保护展示

8.2.1 因地制宜赋予管理措施

京张铁路整条线路的建筑遗存包括轨道线路、车站用房、附属厂房、水塔、桥梁涵洞等，不同遗存的建筑特征不同，保护状况也各异，例如：北京城区段的铁轨大部分已经被拆除，但南口到八达岭段的铁轨由于被列为全国重点文物保护单位得以保留。14个最早修建的车站中清华园站、南口站、青龙桥站、康庄站等还保留至今。京张铁路的原始桥梁大部分还在使用，在北京市区内的桥梁则部分被拆除。京张铁路的桥梁分为木桥、石桥和铁桥3种，目前木桥基本已被拆除，石桥和铁桥大部分被保存了下来。最初建造了4个山洞，包括：居庸关、五桂头、石佛寺、八达岭山洞，其中居庸关和八达岭山洞还在使用中。

铁路机车库主要用来对火车检修，京张铁路最初建有5个机车库，目前只存留有南口和康庄两处。铁路的重要厂房一般设置在路段的中部，便于两端兼顾。京张铁路的两个工厂一个设置在南口，一个设置在康庄。最初修建的11座水塔中，只有康庄机车库旁边留有1座，其余都已被拆除。原来建造的两个制造厂，目前只保留着南口制造厂的1个车间。附属建筑中保存较好的包括位于南口的工程司处、职工住宅、万国饭店等。由于京张铁路部分线路被废弃使用，目前未被列为文物保护单位的建筑遗存尚未得到良好的维护，缺乏有效的保护和管理方案。

由于每个遗产具有不同的本体情况，所处的环境也不尽相同，需要根据每个建筑遗存的实际情况制定管理方案，例如城市建设区和郊区的建筑物应采用不同的保护管理措施，在使用中的建筑和已经废弃的建筑就需要采用不同的、灵活多样的管理方法。已经废弃的文物需要委派管理人员定期检查，及时维修保养，及时发现文物的病害问题，如有损坏要及时上报登记信息和进行维修保护。

8.2.2 科技创新开展遗产展示

利用现代科技手段对遗产进行多维度、多载体展示京张铁路丰富的历史文化内涵。现代科技的不断发展尤其是影像技术、互联网技术、GIS 技术等给文化遗产的保护和展示提供了更大的发挥空间和想象空间。

京张铁路在地理上范围宽广，借助 720 度全息摄影和航拍建模等技术，使得京张铁路的保存状况可以充分地展示出来，并能反映出铁路与山川地理、长城等古迹的相互关系。此外，借助互联网技术，京张铁路的历史照片、航拍图片、全息影像、和历史资料可以在网上展示，实施“互联网 +”展示策略。当前，GIS（地理信息系统）技术逐渐成熟，而且逐步开放，操作也更加便捷化，已经从专业的地理信息分析技术变成为大众展示准确地理信息的工具，今后可利用 GIS 等技术可以对铁路遗产进行多维度、全方位的遗产展示。

8.3 以规划引导构建“三带一路”总体格局

8.3.1 京张铁路与三条文化带紧密依存

为了进一步挖掘和展示古都北京的历史文脉，进一步推动北京历史文化名城、历史文化景观与自然生态景观相结合的古都风貌全面保护格局，北京市在《北京市“十三五”时期加强全国文化中心建设规划》的发展格局中提出了“三条文化带”即长城文化带、大运河文化带、西山永定河文化带的历史文化名城整体保护策略。“三条文化带”这一战略任务将依托北京丰富的自然、历史、文化资源优势推动北京全国文化中心建设；而且，长城、大运河、西山大部分遗产涉及京津冀交界地带，“三条文化带”战略布局不仅仅是北京历史文化名城保护策略，还能够带动京津冀三条文化带周边区域社会文化及区域经济融合协调发展。因此，“三条文化带”战略受到了媒体和社会各界的广泛关注。

长城是我国重要的地理和文化标识，是中华民族的精神象征。北京域内长城始建于北齐，大规模修建于明代，东起平谷西至门头沟途径北京 6 区，全长 573 千米。北京市建设长城文化带，计划利用 5 至 10 年的时间，使历史上拱卫京城的军事设施成为当今北京北部的历史文化体验带和生态环境保护带。京张铁路经过南口城、居庸关、上关、青龙桥、八达岭等多处长城段落，其中青龙桥火车站就是被夹在长城墙体中间。S2 线游览列车能把车站和长城各景点串联起来，关沟内繁花盛开的季节游客络绎不绝，游客们循着“开往春天的列车”欣赏长城美景。

大运河由“京杭大运河”与“隋唐大运河”和“浙东运河”组成。2014 年 6 月联合国教科文组织第 38 届世界遗产委员会会议审议决定“大运河”列入《世界遗产名录》。大运河是世界上最长的人工河流，是最古老的运河之一，是中国古代重要的漕运通道和经济命脉。京张铁路跨越了白浮瓮山河（京密引水渠）、沙河水系等大运河源头水系。

北京从西南太行山余脉到东北的燕山山脉三面环山。历史上“西山”泛指京西南太行山余脉“大西山”和京西石景山八大处至香山及部分山前地带的“小西山”。西山永定河文化带部分涵盖二者范围，涉及昌平区、海淀区、石景山区、门头沟区以及房山区等部分区域。京张铁路所在的关沟恰好处于大西山的著名区域，为太行山与燕山山脉的交汇分界处，铁路旅客可以欣赏沿线变化多彩的自然风光。

8.3.2 构建“四维”文化遗产群

京张铁路遗产线路长、跨度大，沿途经过历史文化资源丰富的关沟地区，该地区历史上就是“太行八陉”之一的军都陉，串联了太行山、燕山南北两地的京冀地区，与长城、西山永定河、大运河三条文化带串联在一起，因此其重要性不仅体现在遗产不同维度的价值属性中，如历史文化价值、科学和艺术价值，还应包括生态文明价值、旅游价值和社会价值等。目前研究京张铁路的文献资料可谓鳞次栉比，但是真正深入剖析其价值并进行系统梳理的却还很缺乏，总体的遗产格局和文化脉络尚未有效梳理，可见这一工作的必要性和迫切性。京张铁路是中国近代史、中国铁路发展史、中国民族史的重要见证，京张铁路的主工程师詹天佑是民族文化、民族精神的杰出代表；其中的建筑艺术直接的体现在这些车站、桥梁、隧道等建筑遗存中;就生态文明价值而言，铁路穿越稻田、山区、林地和河流，连接着不同的自然生态环境，同时也影响和塑造着铁路经过的各个地区；就旅游和社会价值而言，铁路开设之初的目的是为了促进关内外的贸易，如今铁路更是成为了加速不同地区贸易往来的最佳助力。

京张铁路从北京丰台出发，沿着关沟、穿过八达岭长城和妫水河，到达张家口，是典型的线性遗产，铁路线性地从南向西北延展，形成铁路遗产带。2013 年京张铁路南口至八达岭段被列入第七批全国重点文物保护单位，该区域铁路遗产从线路到基础设施都得基本到了保护。例如在青龙桥站设置有陈列馆、詹天佑纪念铜像、詹天佑墓等纪念设施，人字形铁轨也保存完好，经常会有游人慕名前来参观。京张铁路与长城、西山永定河、大运河文化带，紧密相连，应加强规划引导，在城市总体规划、分区规划、镇域规划和三条文化带专项规划中统筹考虑各个文化带之间的联系和协调，共建“三带一路”的四维文化遗产群。

拥有如此丰富价值和遗产内容的京张铁路遗产文化线路，应与“三条文化带”战略紧密结合、相互支撑；根据京张铁路遗产空间分布上的特点，铁路遗产和铁路经过区域的历史文物可以通过轨道为主线进行串联，在规划上在铁路两侧各预留一千米的发展缓冲区域。这样，工业遗产、文化遗产和自然遗产融汇在一起，形成京张铁路遗产文化景观带或者文化线路。同时，结合北京三条文化带和京津冀一体化战略的实施，多地多部门联合，共同构建京张铁路文化遗产群，将相关遗产进行串联保护展示，逐步形成北京北部地区“三带一路”的四维历史文化格局。

8.4 以南口地区为试点探索发展模式

8.4.1 南口地区拥有丰富的工业遗产资源

登记在册的工业遗产共有京张铁路南口段至八达岭段、南口火车站老站房、詹天佑办公室旧址、京张铁路居庸关火车站老站房、京张铁路东园火车站老站房、京张铁路居庸关隧道、南口火车站万国饭店旧址、中车北京南口机械有限公司老车间、北京鹿牌保温瓶厂旧址等9处。其中，京张铁路遗产数量最多、价值最高，见证了中国近代化和自强不息的奋斗历程。南口地区是京张铁路建设过程中的中枢区域，保存有詹天佑办公室、万国饭店等旧址，建有全路段的车务总厂以及其他重要厂房，现存机车库为沿线仅存的两处之一。

南口地区重点工业遗产资源情况调查表　　表8-1

序号	名称	位置		级别	现状	保护情况	
						管理单位	使用情况
1	京张铁路南口镇段至八达岭段	南口镇	京张铁路南口镇段至八达岭段	国家级	基本完好	南口火车站	铁路运营
2	南口火车站老站房	南口镇	交通街	未核定	基本完好	南口火车站	铁路运营
3	詹天佑办公室旧址	南口镇	铁路北侧	未核定	基本完好	南口轨道交通机械有限责任公司	南口大厂历史展览室
4	京张铁路居庸关火车站老站房	南口镇	交通街	未核定	基本完好	北京市铁路局	铁路运营
5	京张铁路东园火车站老站房	南口镇	交通街	未核定	基本完好	北京市铁路局	铁路运营
6	京张铁路居庸关隧道	南口镇	居庸关村	未核定	基本完好	北京市铁路局	铁路运营
7	南口火车站万国饭店旧址	南口镇	交通街	未核定	部分完好	北京市铁路局	铁路运营
8	中车北京南口机械有限公司老车间	南口镇	南厂西社区	未核定	部分完好	中车北京南口机械有限公司	工厂使用
9	北京鹿牌都市生活用品有限公司	南口镇	东街22号	未核定	基本完好	北京鹿牌都市生活用品有限公司	现已停产

图 8-2　南口京张铁路遗产分布图

建议将南口地区作为重点地区，先行开展试点工作，加强铁路管理部门与地方行政部门之间的联系协作，参照军民联合的方式尝试建立“铁民联动”的方式，推动京张铁路遗产的腾退利用。以京张铁路遗产为主线，对机车库等文物建筑进行活化再利用，建设近现代铁路和中国复兴之路的参观教育基地。室内举办历史文化展览或作为博物馆，机车库、厂房等建筑设置工业遗产主题展览，展示铁路及其他工业遗产的发展、奋斗历程，开展爱国主义教育。利用工业遗产厂区建设文创主题园区，促进工业遗产转型，发展文创、办公、酒店、商业等业态内容，相关工业遗产建筑修缮改造后作为主题文创空间，以文化科技融合、文化旅游融合的发展思路，促进铁路产业和周边相关工业园区升级转型，发展文化科技产业集群，形成文化创意产业园 + 科技产业孵化器 + 工业遗产旅游园区的“三位一体”发展组团。

8.4.2　充分利用良好的发展优势

首先，区域发展规划预留了发展条件。2016 年，昌平区、南口镇分别公布了《昌平区国民经济和社会发展第十三个五年规划纲要》《昌平区南口镇国民经济和社会发展“十三五”行动计划》，在两个文件中，都提出昌平区要彰显区域发展魅力、重塑历史文化名片、打造现代文化高地、激发文化创造活力，要推动产业转型升级、打造“小、专、精、优”的专业园区；南口镇要大力调整产业结构，大力发展都市休闲旅游产业，重点发展生态休闲、文化休闲、旅游休闲等高端旅游产业。充分挖掘南口历史悠久、文化底蕴深厚、融“雪山文化、佛教文化、铁路文化、军事文化、工业文化”等于一体的特点，以历史文化塑造南口城镇新形象。

其次，是发展机遇和文物资源优势。为了迎接冬奥会，北京至张家口修建了新的高速铁路，2019年底通车。原有老铁路的运输需求和功能已减半，如何抓住机遇，让原京张铁路这一宝贵的资源在新时代发挥新的作用、为区域国民经济和社会发展服务，成为一项重要选题。前文已经介绍了许多国内外老旧铁路发掘自身文化资源，与周边生态优势结合发展旅游的成功案例，这为昌平区特别是南口地区京张铁路遗产的合理利用提供了宝贵的经验。利用全国重点文物保护单位京张铁路南口段至八达岭段发展新型旅游——“铁路生态”旅游是最佳选项之一。此种旅游形式在华北地区目前仍未出现，而且其他地区也不具备此地段的优势——文物古迹与生态旅游景区（关沟）重叠一起。

南口镇内的老机厂目前仍为铁路部门管理使用（中车北京南口机械有限公司），仍在从事生产。在西方发达国家和我国目前部分城市中，许多仍在较好运营的利用老厂房发展起来的工业旅游项目（德国大众汽车厂、中国山东青岛啤酒厂）。将工厂中部分文物建筑腾退出来不再用于生产，转化功能发展旅游业或打造为文化创意园区，工业生产与旅游业、文化创意产业并驾齐驱，不仅实现了企业的全方位发展、提升了企业和南口镇的品牌知名度（IP）、也可成为企业和南口镇新的经济增长点。

再者，地理优势和环境优势明显。昌平区南口镇地处北京一小时经济圈，西北交通枢纽。高速公路经济带、长城文化带、西山永定河文化带、大运河文化带（北沙河水系）均在镇内穿过，镇内既有平原又有山区。镇域面积201.7平方千米中64%为山区，山场面积120平方千米，山区森林覆盖率58.41%，林木绿化率76.75%，空气含氧量为0.487kg/m，空气的负离子浓度明显高于城区。而在南口镇的周边，还保存有居庸关、八达岭、十三陵等文物旅游景点，使南口镇本身就处在一条重要的旅游线路中，这些生态资源和文化资源均为发展文化旅游产业难得的优势。

虽然，在昌平区和南口镇现有规划和行动计划中尚未明确提出京张铁路和老机厂的开发利用计划或者列为近期建设项目。目前，可以借助规划和行动计划的要求，抓紧开展部分保护试点工作，包括厂房腾退、环境整治、绿化、开通道路等，为将来的开发利用打下基础。当地政府可以抓紧与铁路部门协商，开展合作，共同制定京张铁路（包括老机厂厂房等）保护利用规划、旅游发展规划。将此专项规划融入到昌平区与南口镇下一个五年规划和行动计划中，使“京张铁路南口段”成为昌平区和南口镇的一张“金名片”，发挥出它对区域文化建设、旅游发展、城镇转型等方面的特殊作用，建立模式，以点带线，以线带片，为整个京张铁路遗产乃至周边京冀两地城乡发展做出更大的贡献。

8.4.3 促进产业的可持续升级发展

《下塔吉尔宪章》中指出：“工业遗产的保护有赖于维护功能的完整性，因此任何开发活动都必须最大限度地保证这一点。”围绕这一基本原则，“按原样保护是首选措施。”同时又指出：“赋予工业遗址新的用途以保证其生存下去是一种可行的途径，除非该遗产具有特殊突出的历史意义。”这些原则应辨证的用在铁路遗产保护利用方面,妥善处理好“保”与“用”的关系，子子孙孙，永保永用。

众多的铁路遗产保护经验表明：保留有运输功能的旅游开发可以保持历史铁路遗产维持运行的生命力，能让铁路“活”起来。京张铁路拥有得天独厚的资源禀赋和文化底蕴，体现着中国科技发展史，是进行爱国教育、弘扬民族精神的重要本体，此外还拥有着全北京乃至中国最好的观光资源——长城。昌平区南口地区的京张铁路遗产可以利用自身优势打造成国内铁路遗产活化利用的样本，力争做到世界一流水准。

铁路遗产的保护利用，一方面通过加强管理，增加开放和展示；另一方面也要适度的引入民间资本走产业融合发展的道路。让文化遗产不是只能做博物馆,做一种“冷冻”的历史，而是可以自己创造活力，拥有生命力的活化遗产。加大力度促进京张铁路相关工业遗产的活化利用，鼓励社会参与利用，实施产业升级改造，建设现代商务或文化创意产业集聚区，确保京张铁路遗产得到有效的活化利用，退出历史舞台但不退出社会舞台。

由于铁路遗产具有线性、分散性、工业性等特点，保护利用的机制也需要有所创新，需要铁路部门、文物保护部门、旅游部门、当地政府等部门通力配合、共同协商保护利用工作，发挥各自的优势，共同把京张铁路昌平段打造成一条工业文化旅游、自然生态保护展示、文化创意研发生产、历史文物保护利用、爱国主义教育融合发展的线路和园区。而且，可以选择文物资源集中、自然条件较好的南口镇（重点是老机车厂）、南口古城、关沟风景区等做试点，结合南口镇规划编制方案、优惠政策、加大投入、共建共享、广泛宣传，把京张铁路遗产活化利用成为昌平区文化、经济、社会发展新的增长点。

附录

附录一：苏州码子

苏州码子，是中国早期民间的“商业数字”。它脱胎于中国文化历史上的算筹，也是唯一还在被使用的算筹系统，产生于中国的苏州。其中〡〢〣〤〥〦〧 〨〩十，与我们现在使用汉字的 一二三四五六七八九十相对应。京张铁路早期标志上的数字均用中国传统数字“苏州码子”进行书写。

苏州码子	汉字	汉字大写	阿拉伯数字	罗马数字
〡	一	壹	1	Ⅰ
〢	二	贰	2	Ⅱ
〣	三	叁	3	Ⅲ
〤	四	肆	4	Ⅳ
〥	五	伍	5	Ⅴ
〦	六	陆	6	Ⅵ
〧	七	柒	7	Ⅶ
〨	八	捌	8	Ⅷ
〩	九	玖	9	Ⅸ
十	十	拾	10	Ⅹ

附录二：调研成果平面图

下图为京张铁路从北京至张家口方向站点平面图，从北京丰台站起向北向西至张家口站，平面图表现出车站和铁路线路的空间位置关系及周围环境。

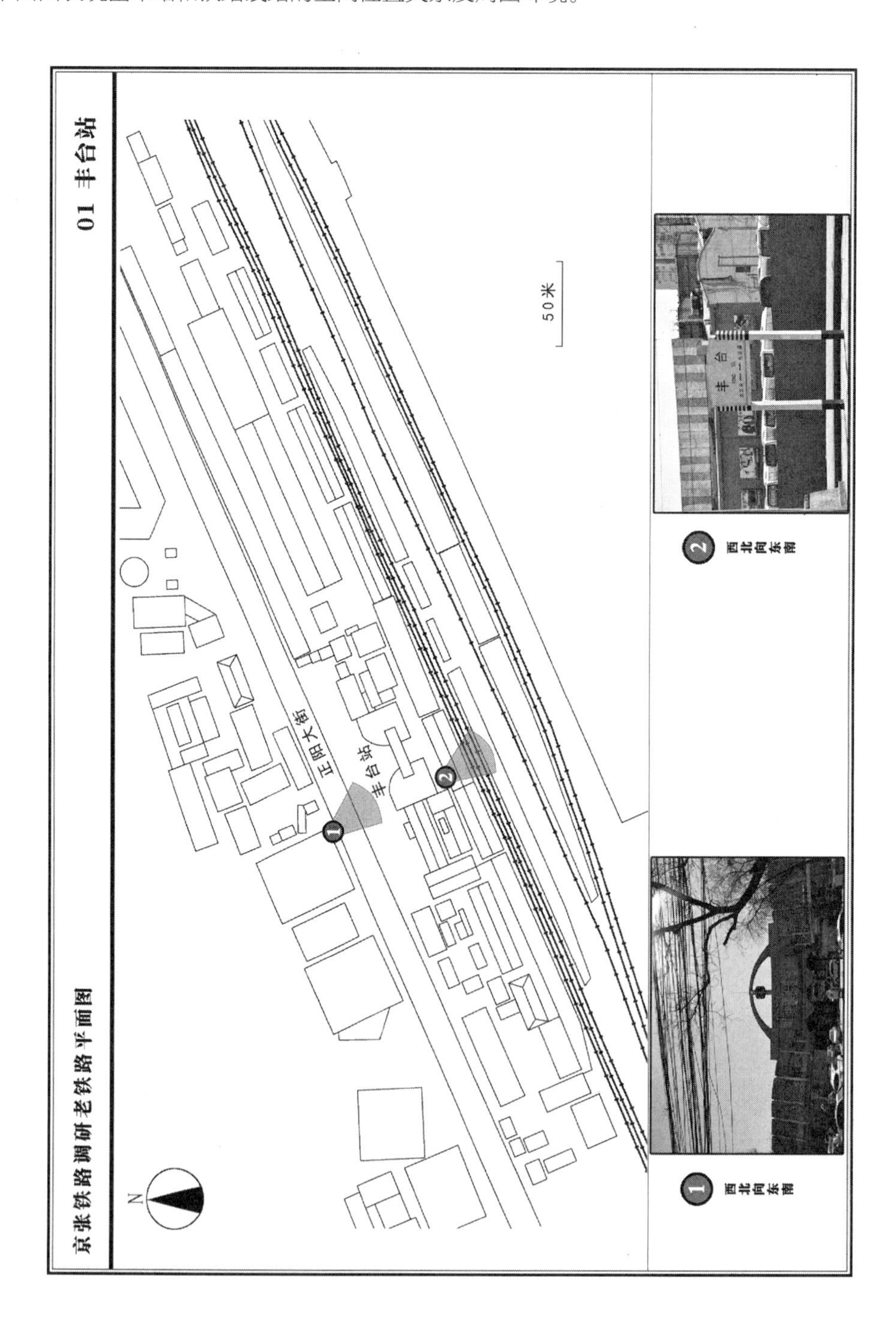

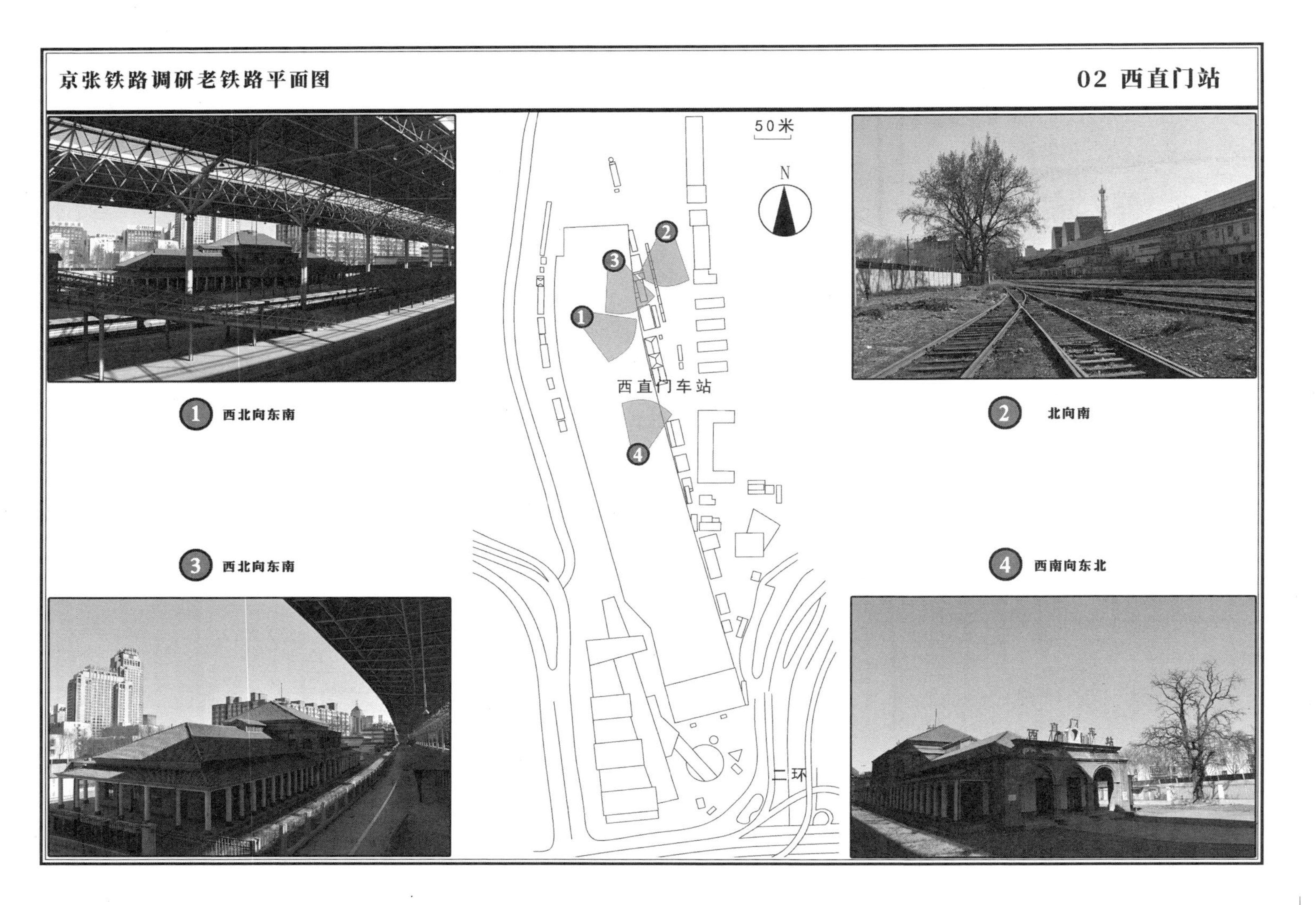
京张铁路调研老铁路平面图
02 西直门站
1 西北向东南
2 北向南
3 西北向东南
4 西南向东北
50米
N
西直门车站
二环

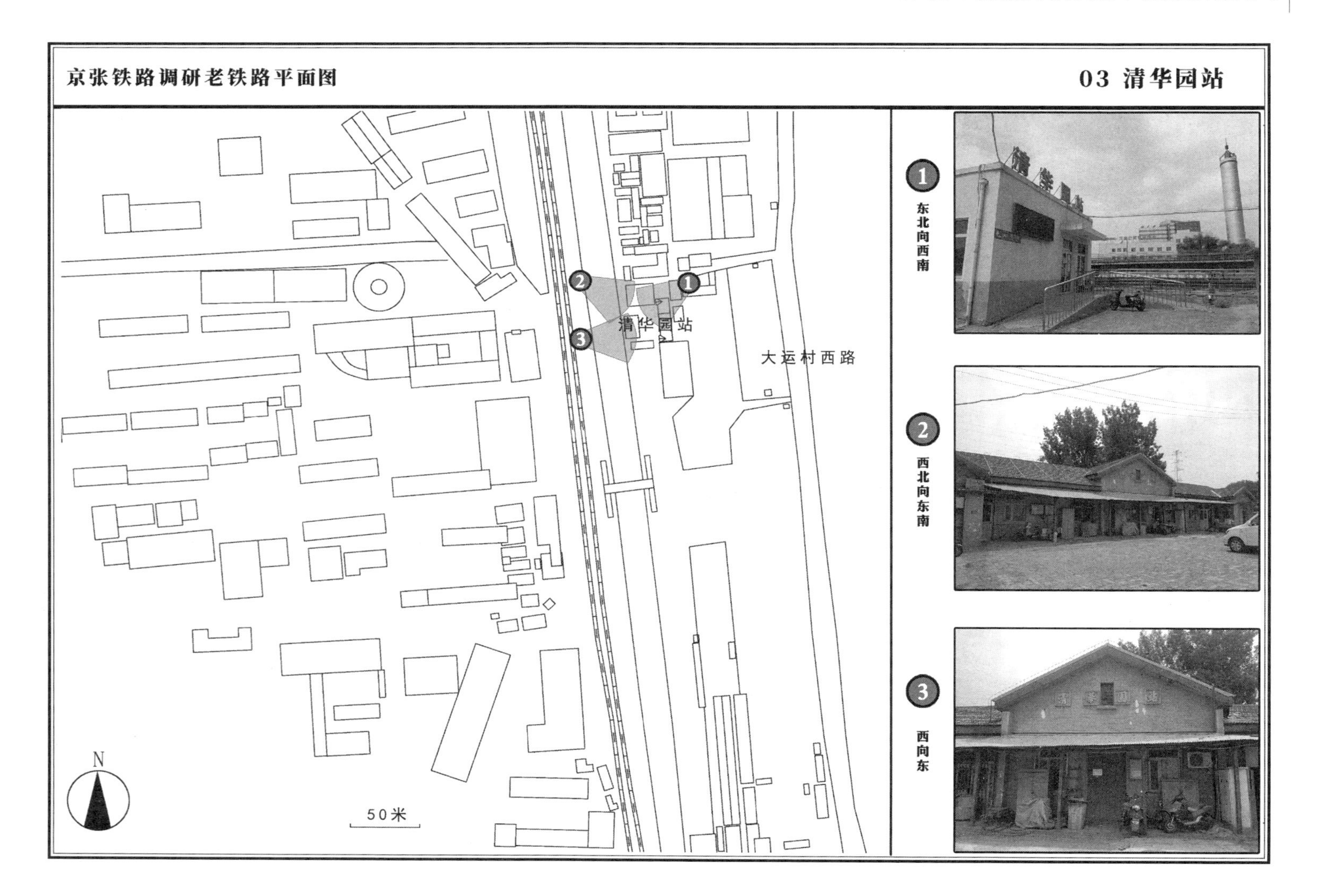
京张铁路调研老铁路平面图
03 清华园站
清华园站
大运村西路
50米
N
1 东北向西南
2 西北向东南
3 西向东

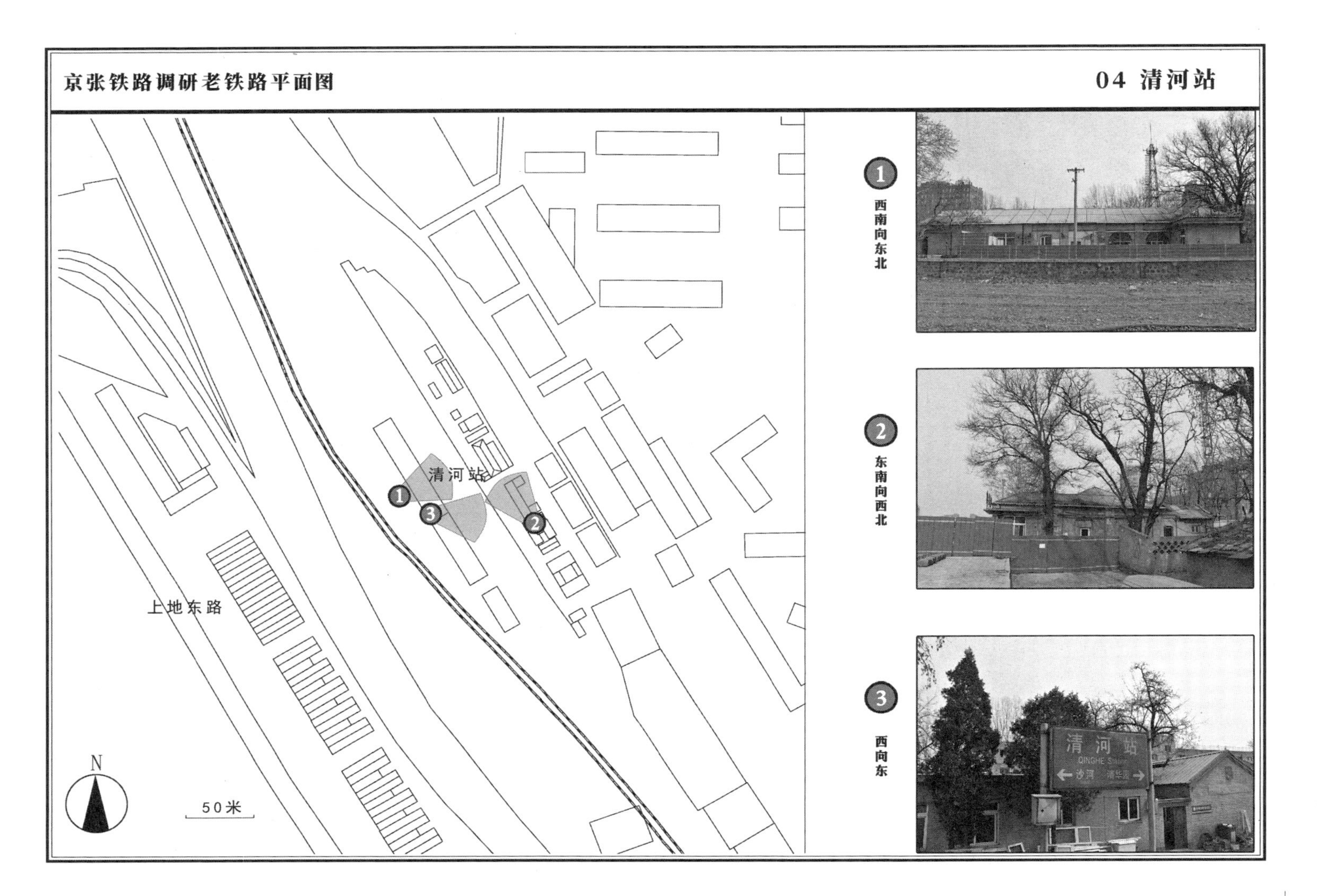
京张铁路调研老铁路平面图
04 清河站
清河站
上地东路
N
50米
1 西南向东北
2 东南向西北
3 西向东
清河站
沙河

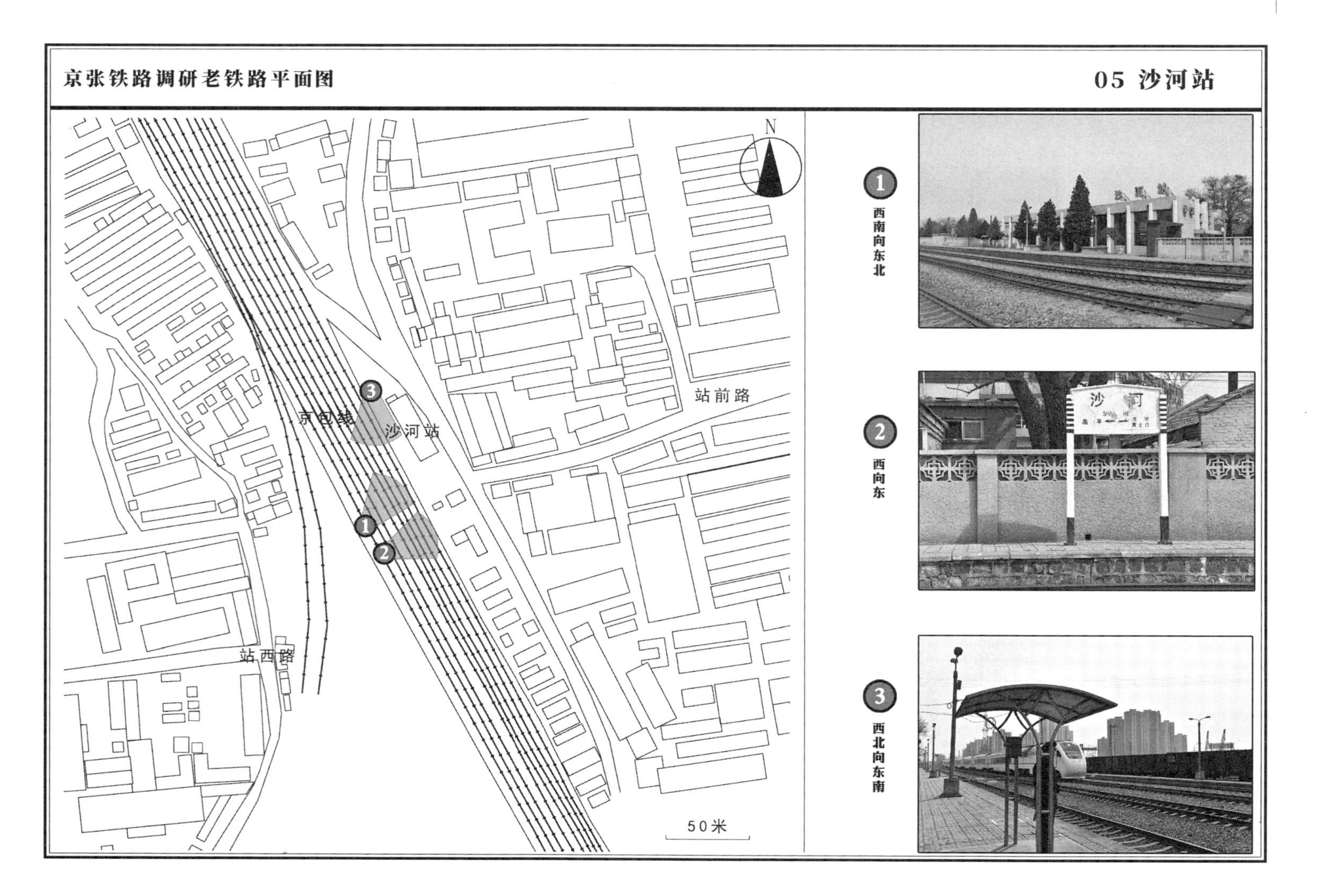
京张铁路调研老铁路平面图
05 沙河站
N
站前路
沙河站
京包线
站西路
50米
1 西南向东北
2 西向东
3 西北向东南
沙河

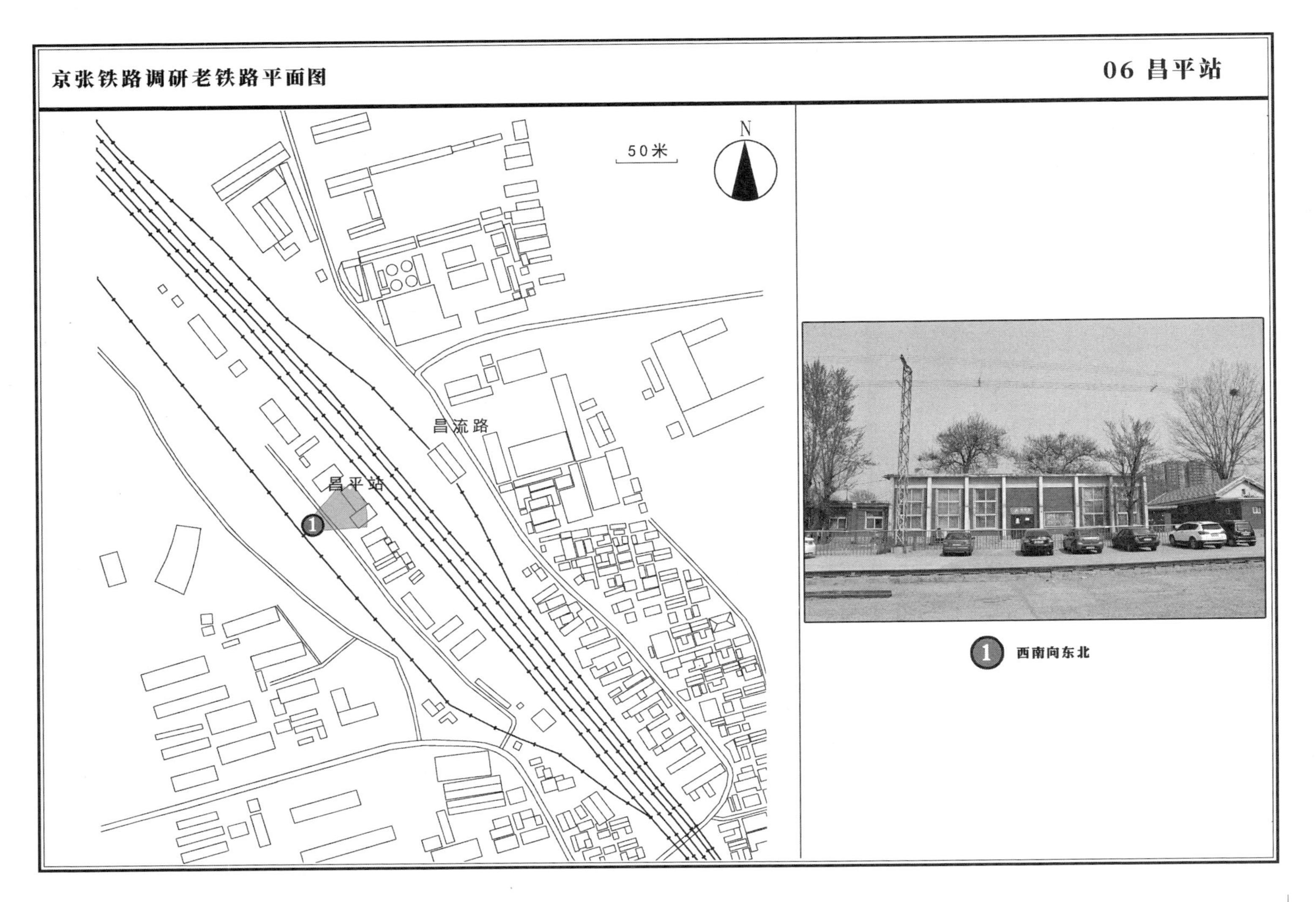
京张铁路调研老铁路平面图
06 昌平站
50米
N
昌流路
昌平站
1
西南向东北

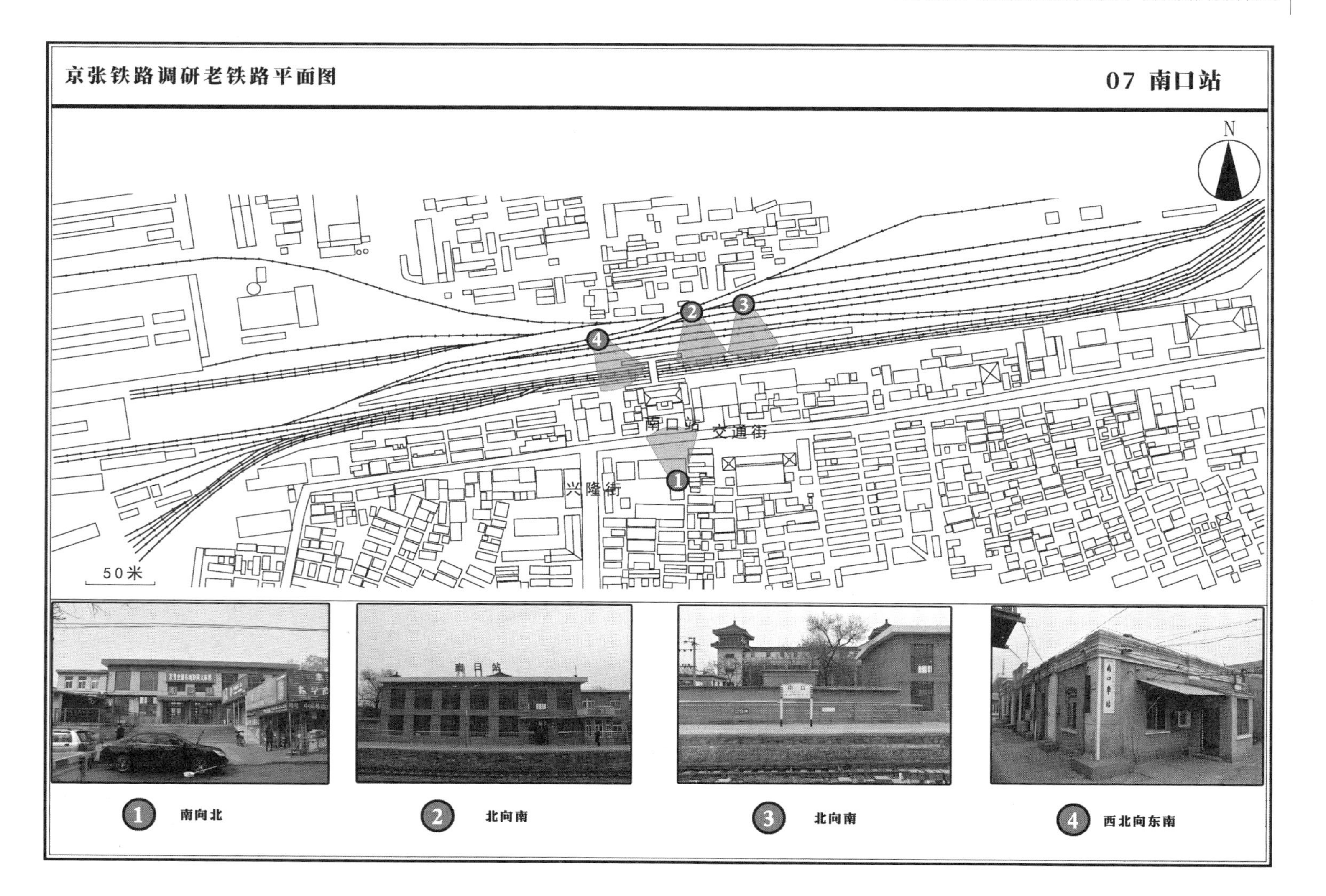
京张铁路调研老铁路平面图
07 南口站
N
南口站
交通街
兴隆街
50米
1 南向北
2 北向南
3 北向南
4 西北向东南

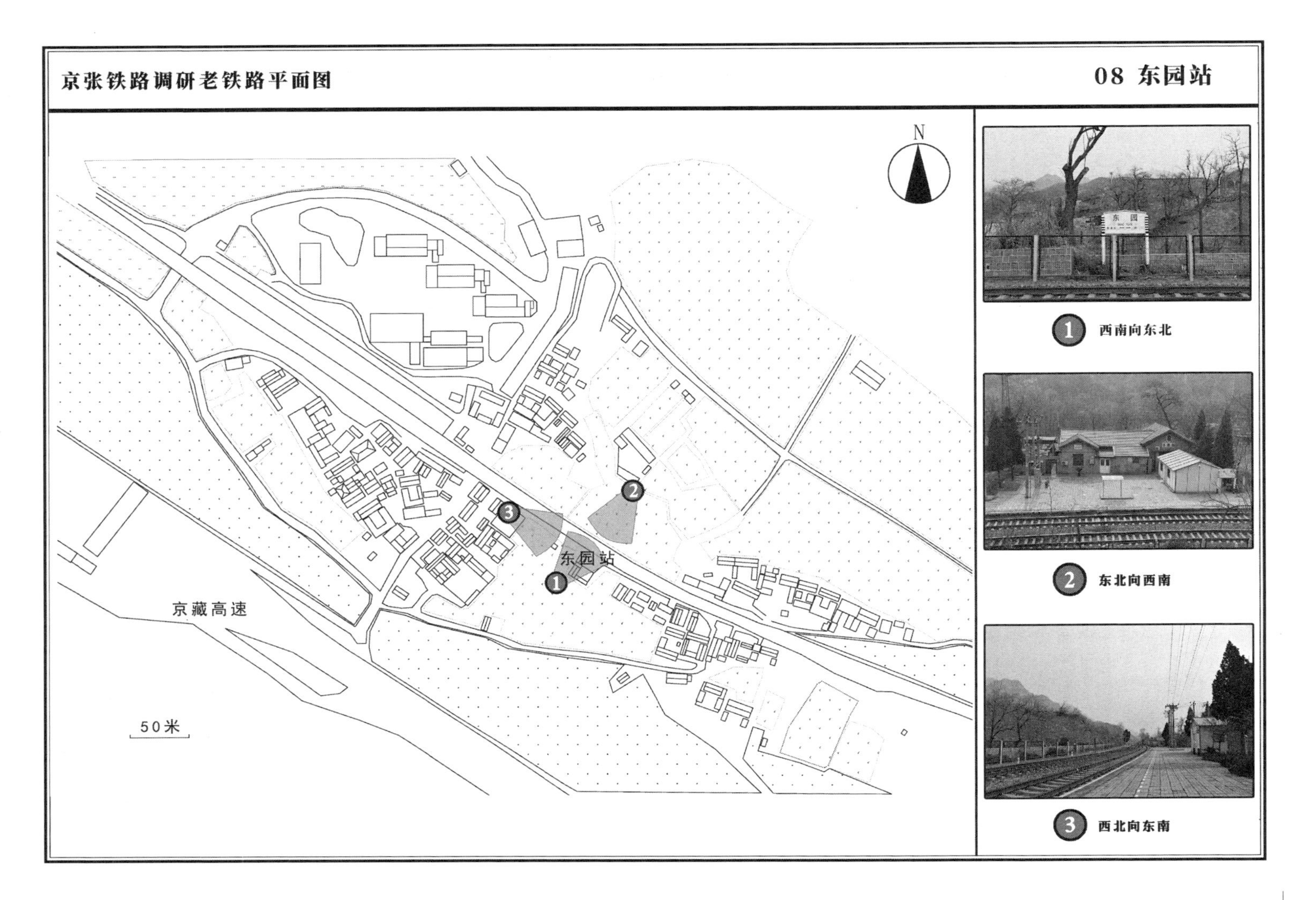

京张铁路调研老铁路平面图
08 东园站
N
东园站
京藏高速
50米
东园
1 西南向东北
2 东北向西南
3 西北向东南

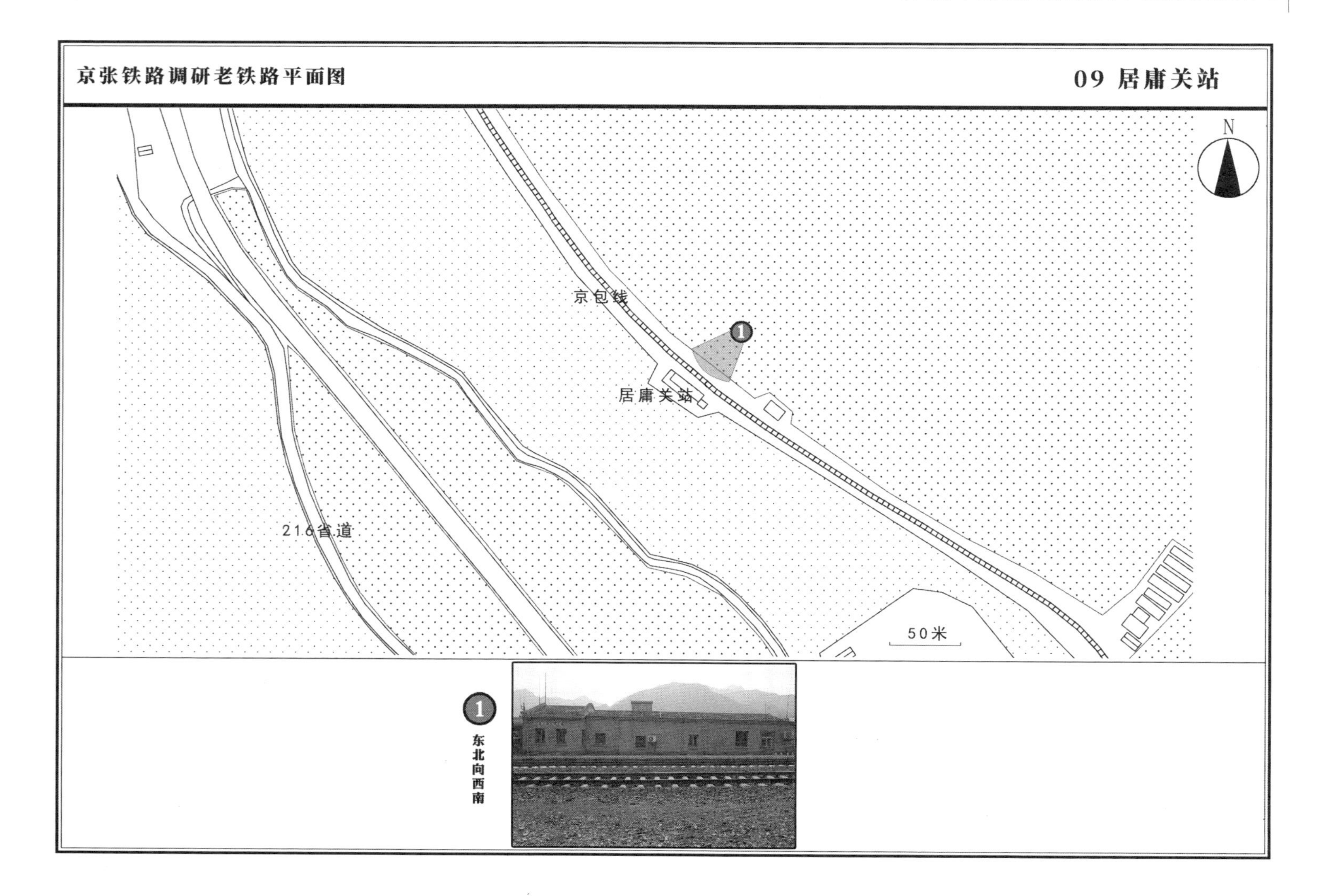
京张铁路调研老铁路平面图
09 居庸关站
N
京包线
居庸关站
216省道
50米
1
东北向西南

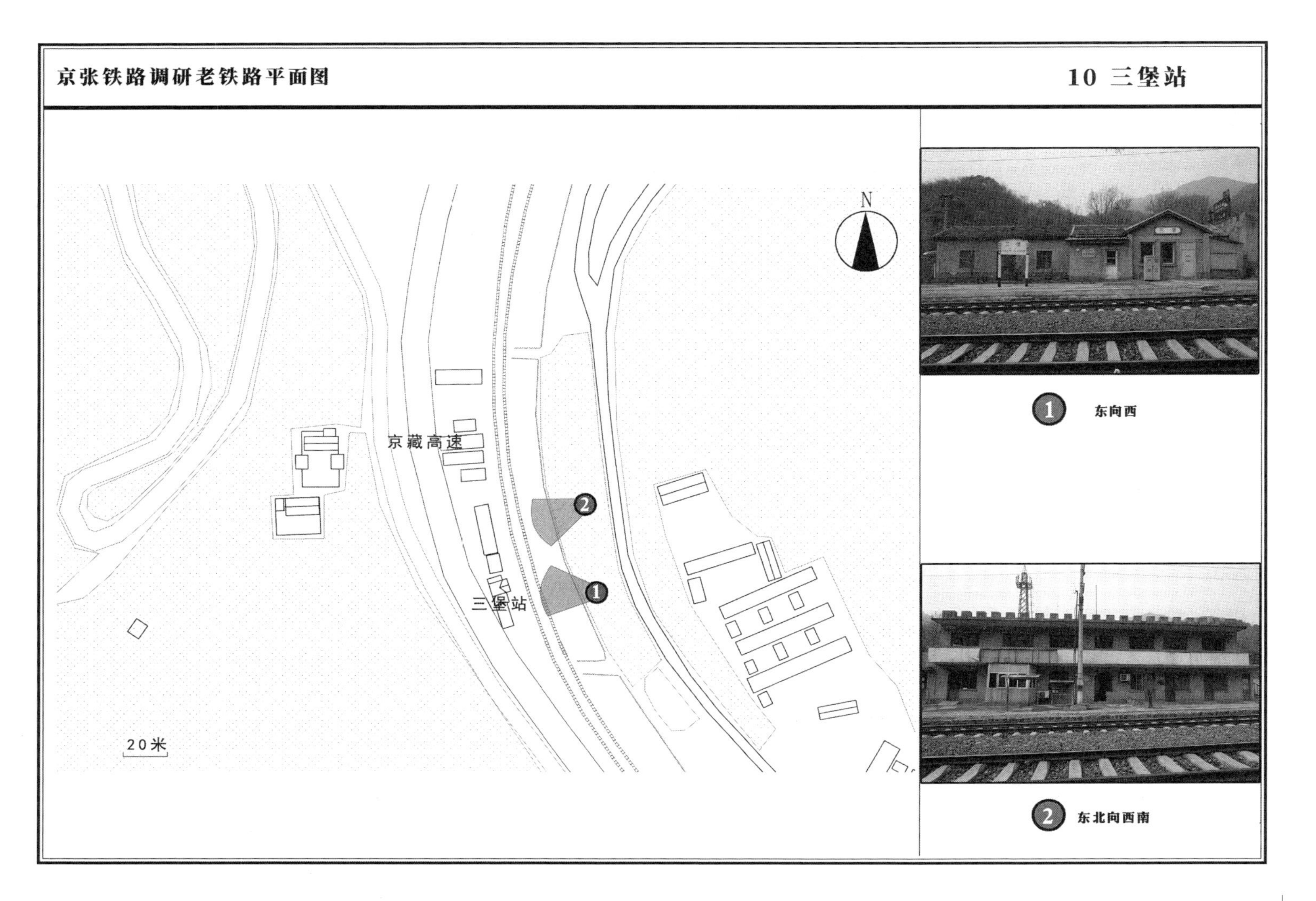
京张铁路调研老铁路平面图
10 三堡站
N
京藏高速
三堡站
20米
1 东向西
2 东北向西南

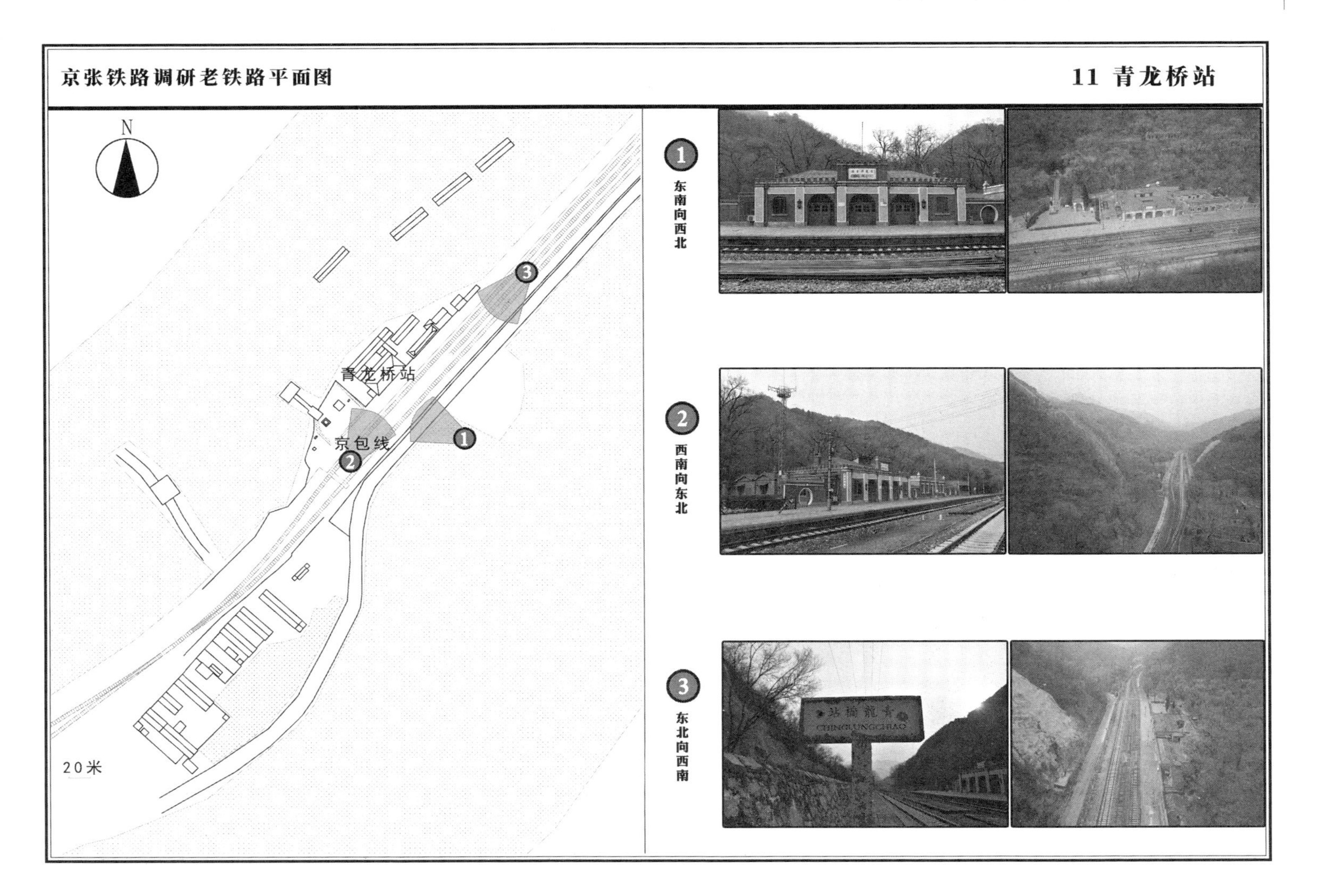

京张铁路调研老铁路平面图
11 青龙桥站
N
青龙桥站
京包线
20米
1 东南向西北
2 西南向东北
3 东北向西南
CHINGLUNGCHIAO

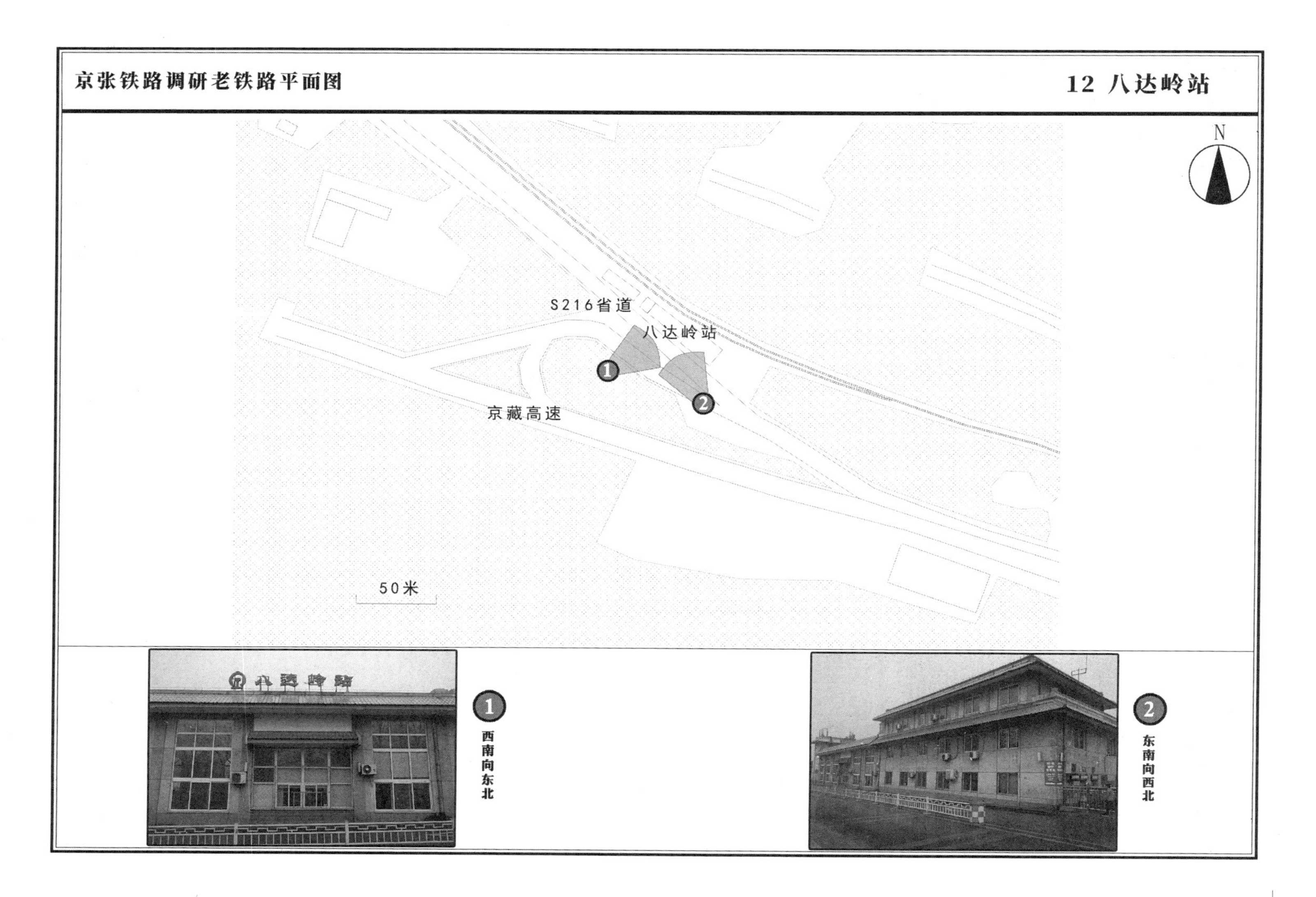

京张铁路调研老铁路平面图
12 八达岭站
N
S216省道
八达岭站
京藏高速
50米
1 西南向东北
2 东南向西北

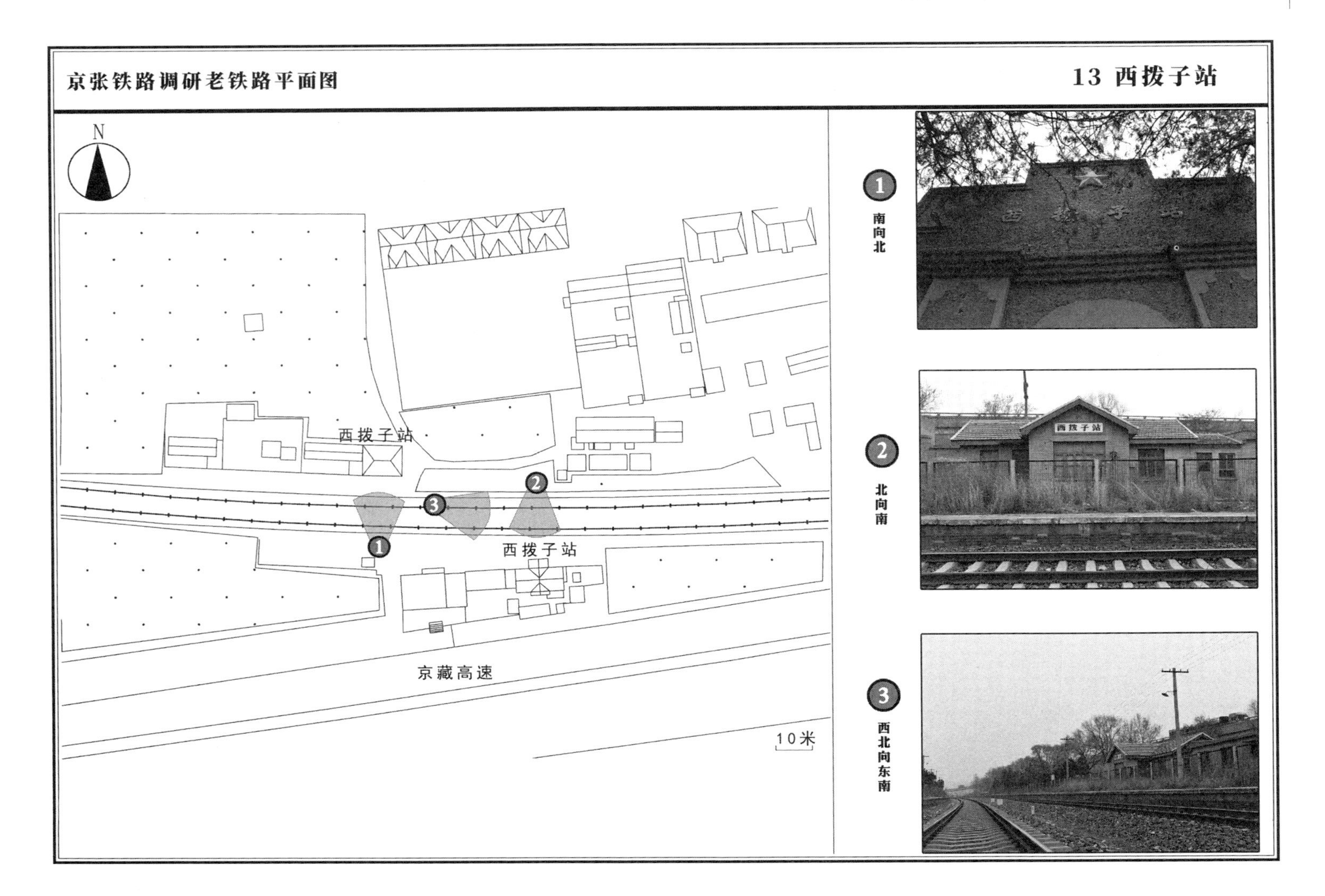
京张铁路调研老铁路平面图
13 西拨子站
N
西拨子站
西拨子站
京藏高速
10米
1 南向北
2 北向南
3 西北向东南
西拨子站

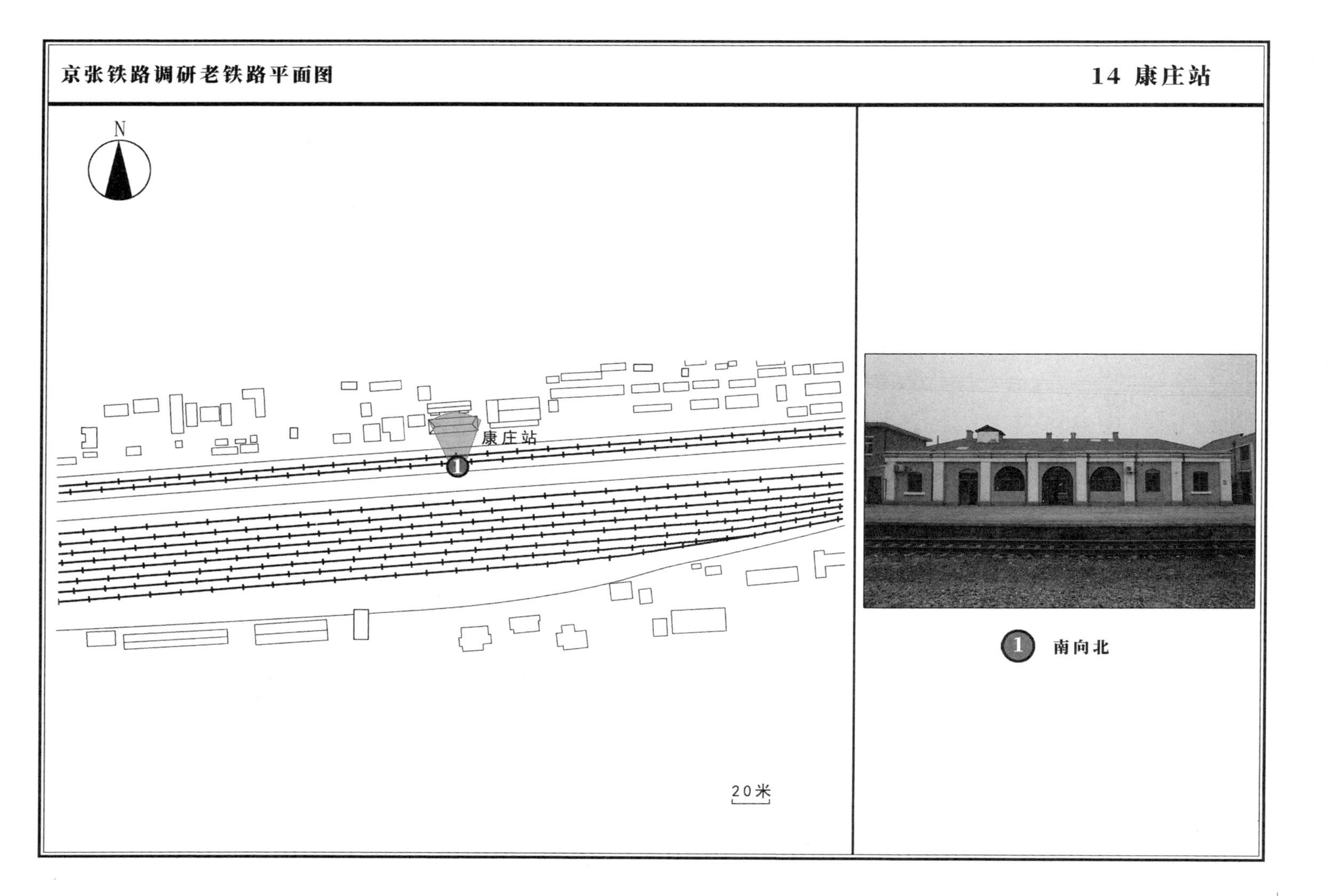
京张铁路调研老铁路平面图
14 康庄站
N
康庄站
20米
1
南向北

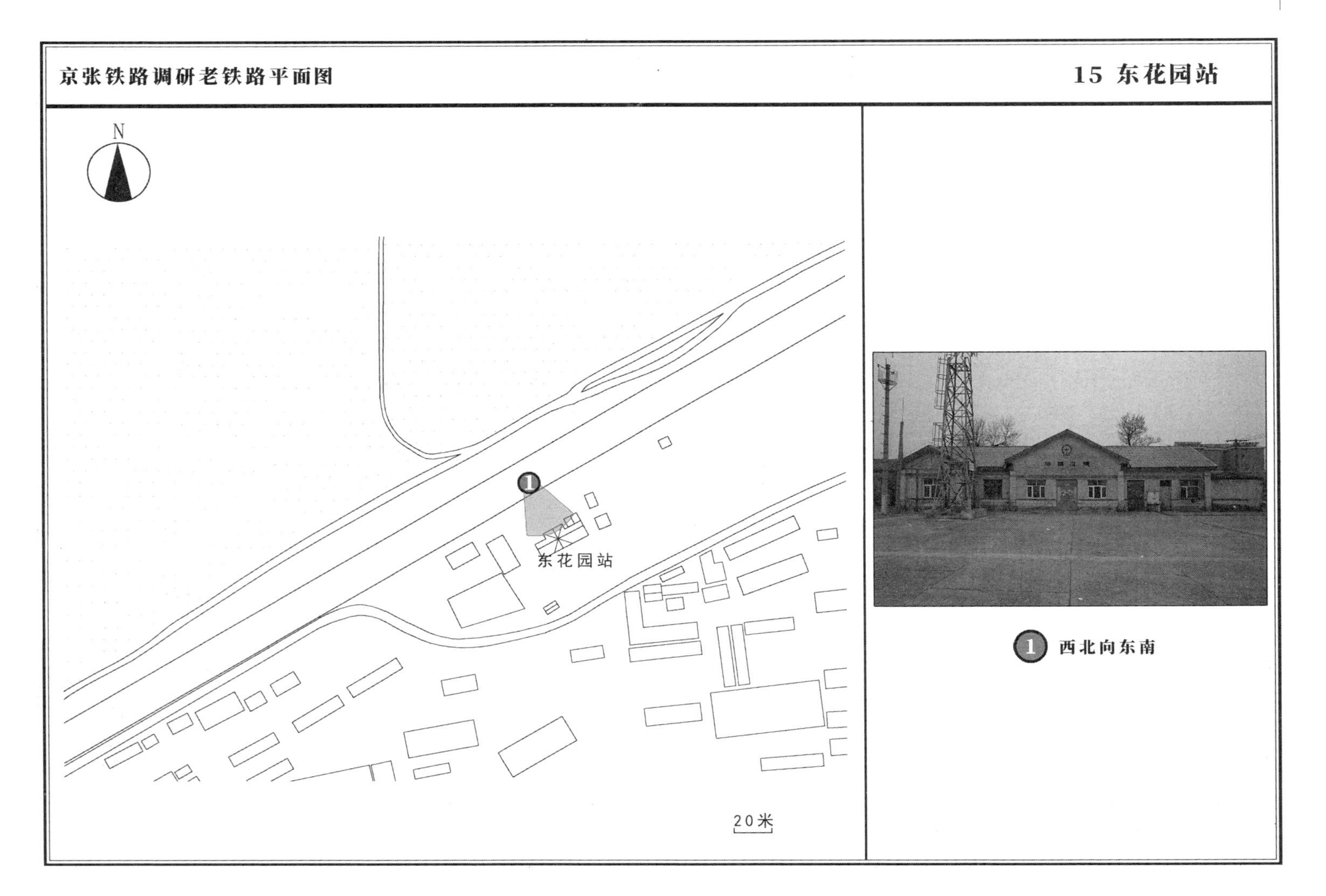
京张铁路调研老铁路平面图
15 东花园站
N
东花园站
20米
1 西北向东南

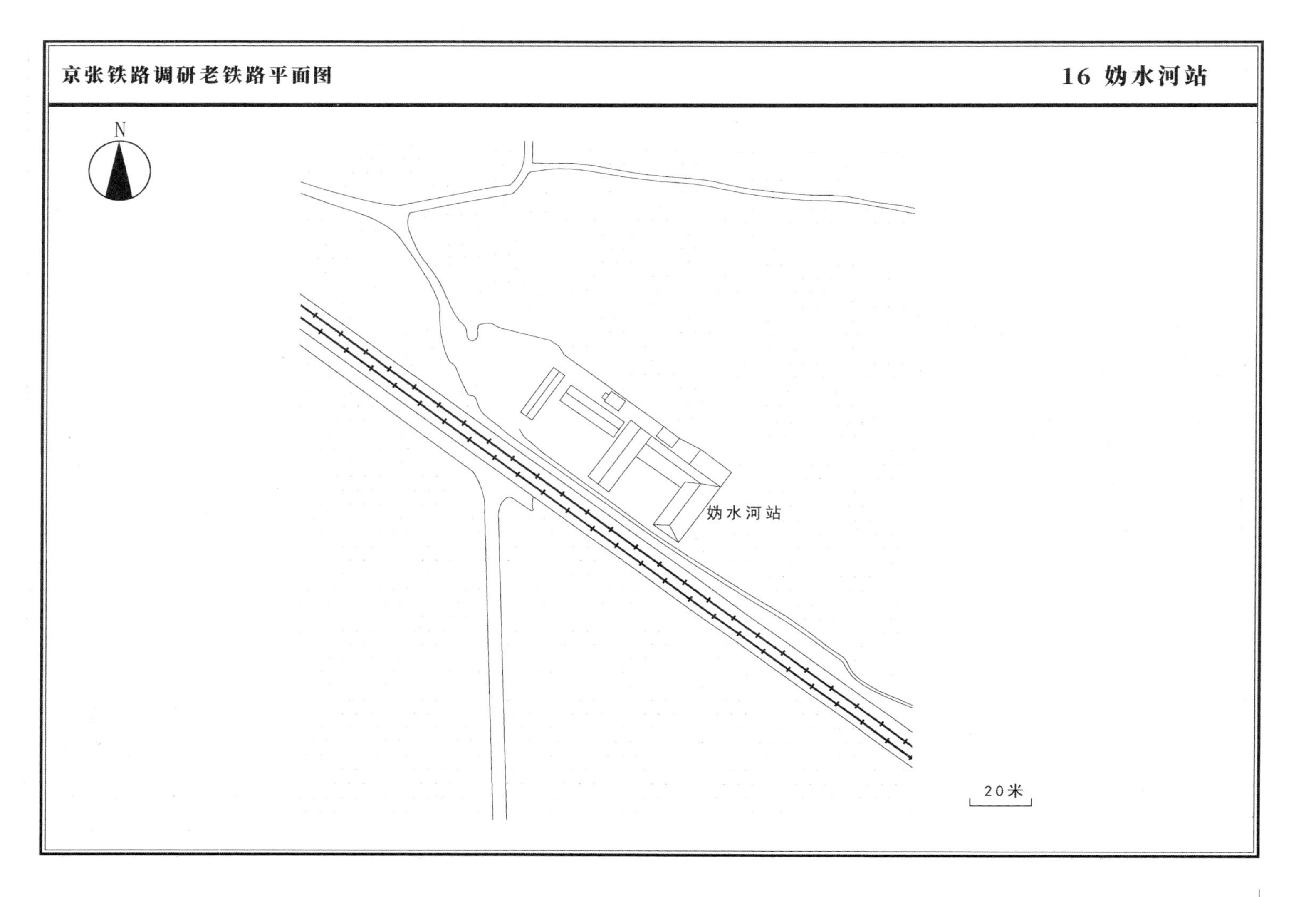
京张铁路调研老铁路平面图
16 妫水河站
N
妫水河站
20米

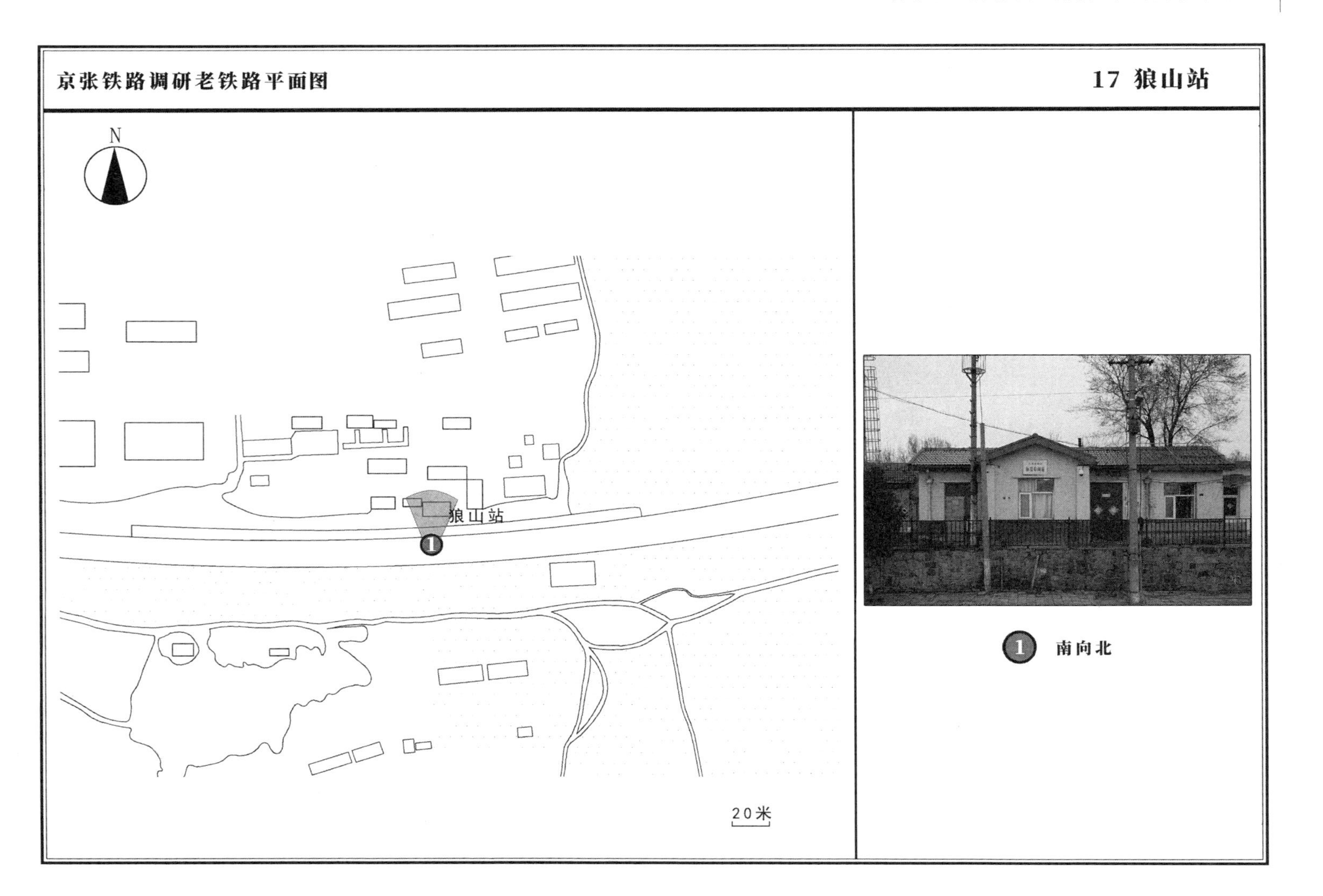
京张铁路调研老铁路平面图
17 狼山站
N
狼山站
1
20米
1 南向北

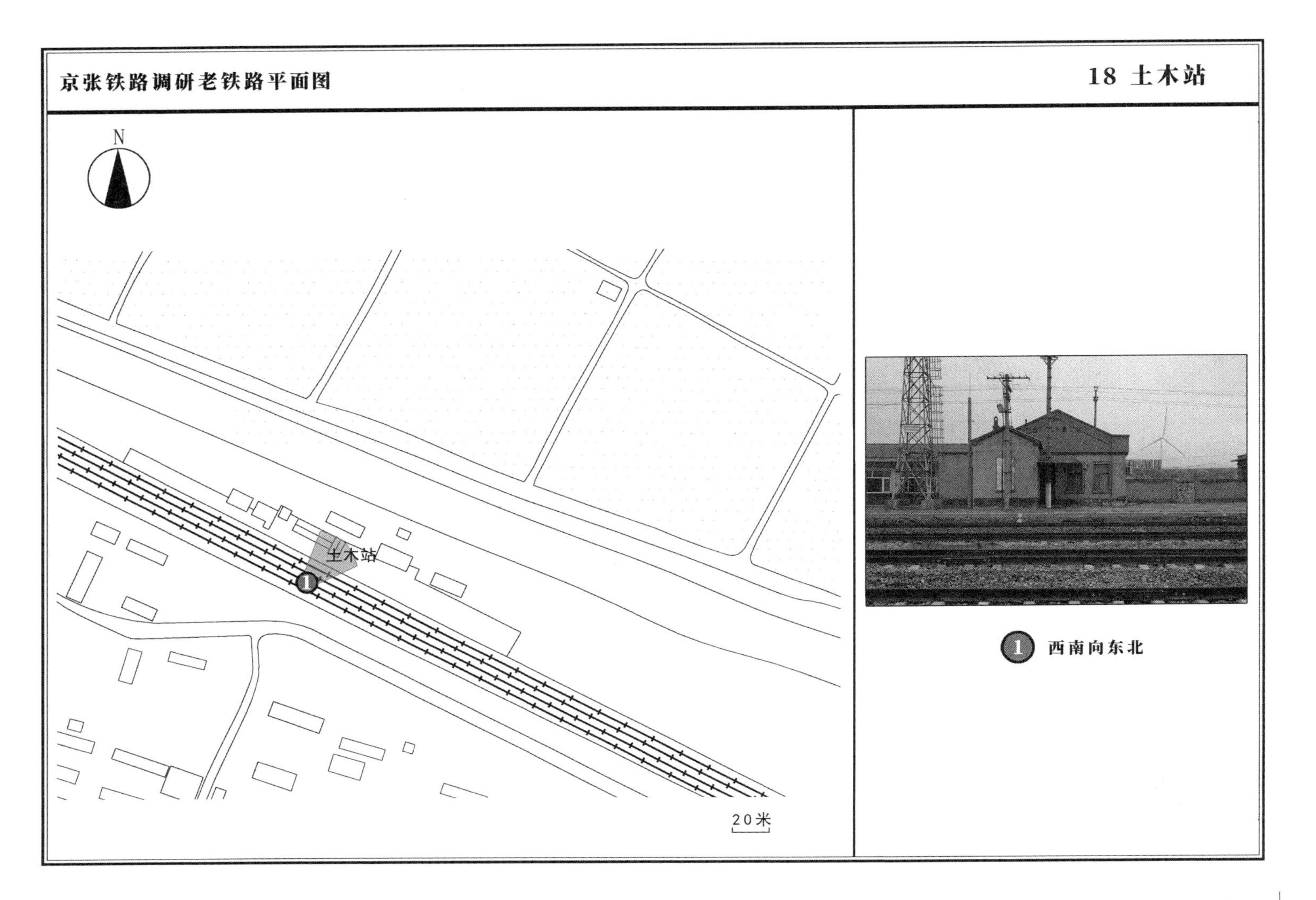
京张铁路调研老铁路平面图
18 土木站
N
土木站
1
20米
1 西南向东北

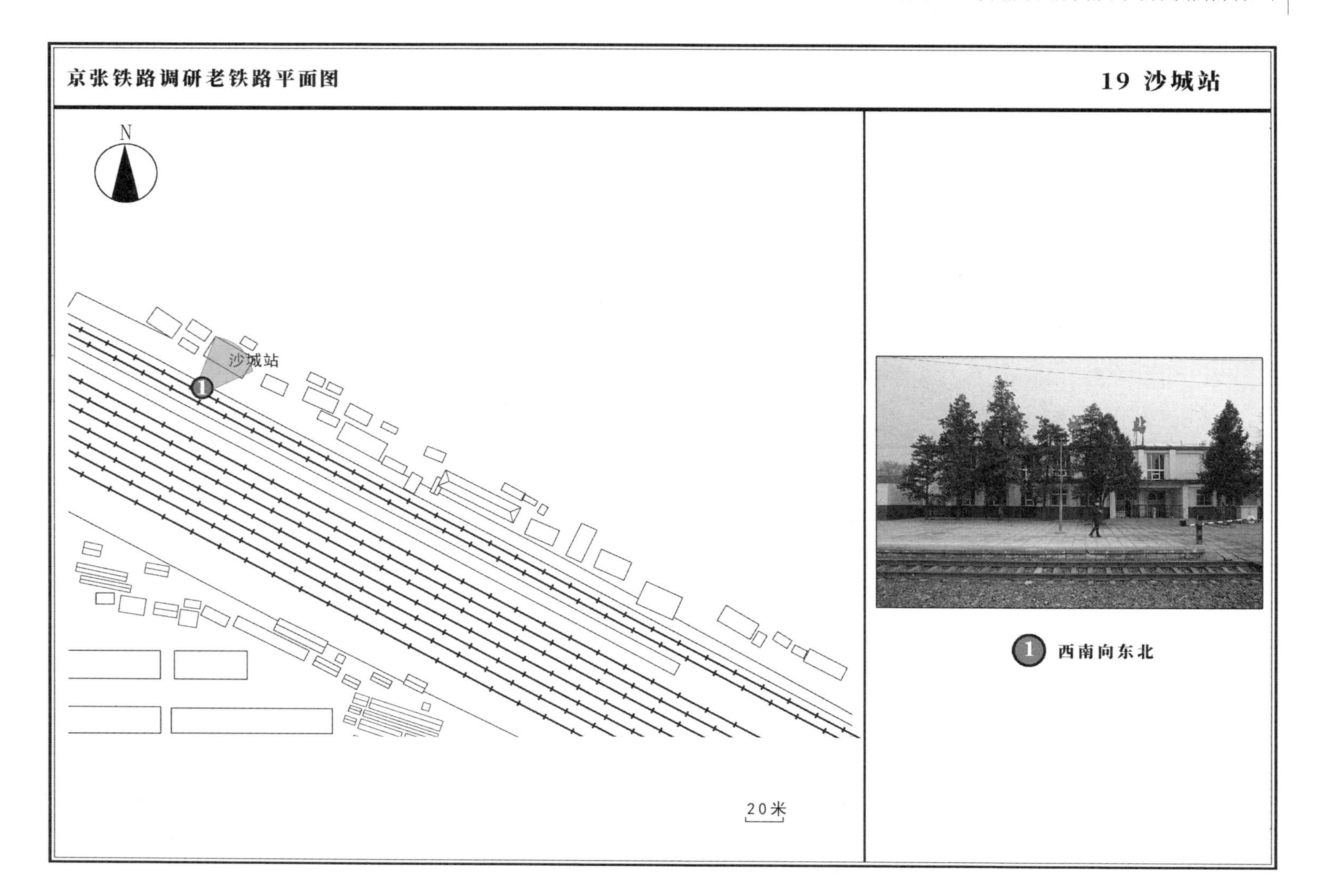
京张铁路调研老铁路平面图
19 沙城站
N
沙城站
20米
1 西南向东北

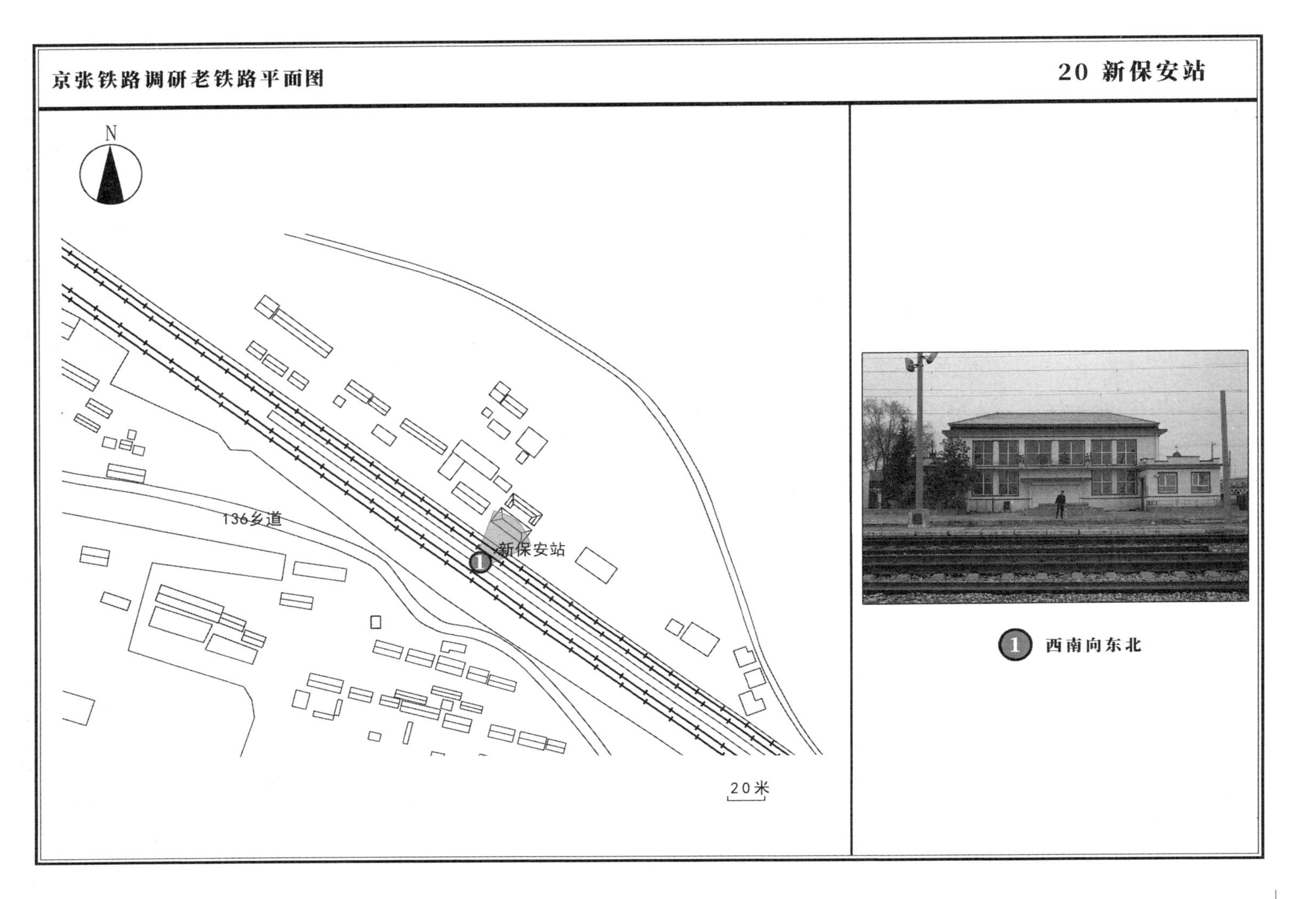
京张铁路调研老铁路平面图
20 新保安站
N
新保安站
136乡道
20米
1
西南向东北

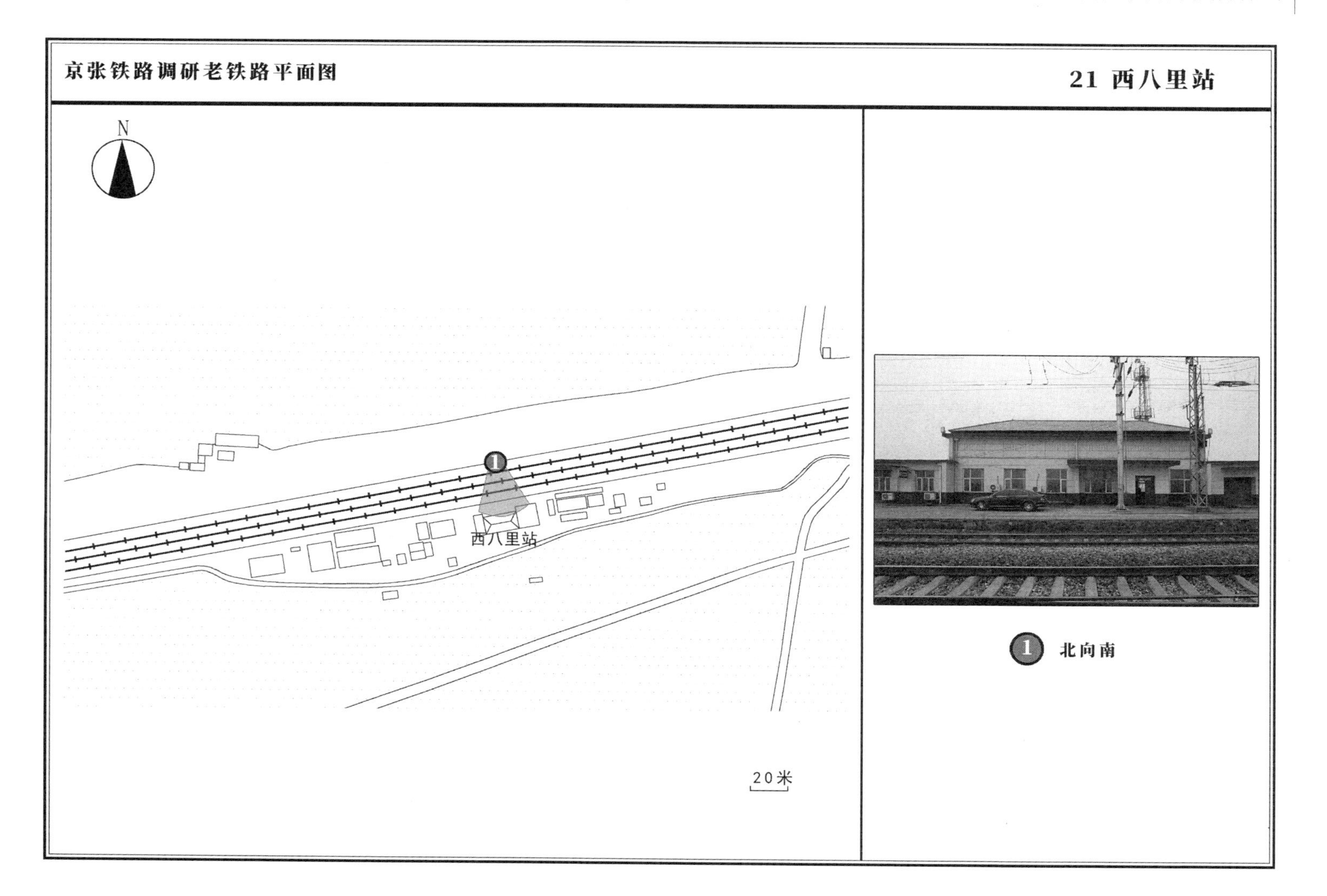
京张铁路调研老铁路平面图
21 西八里站
N
1
西八里站
20米
1 北向南

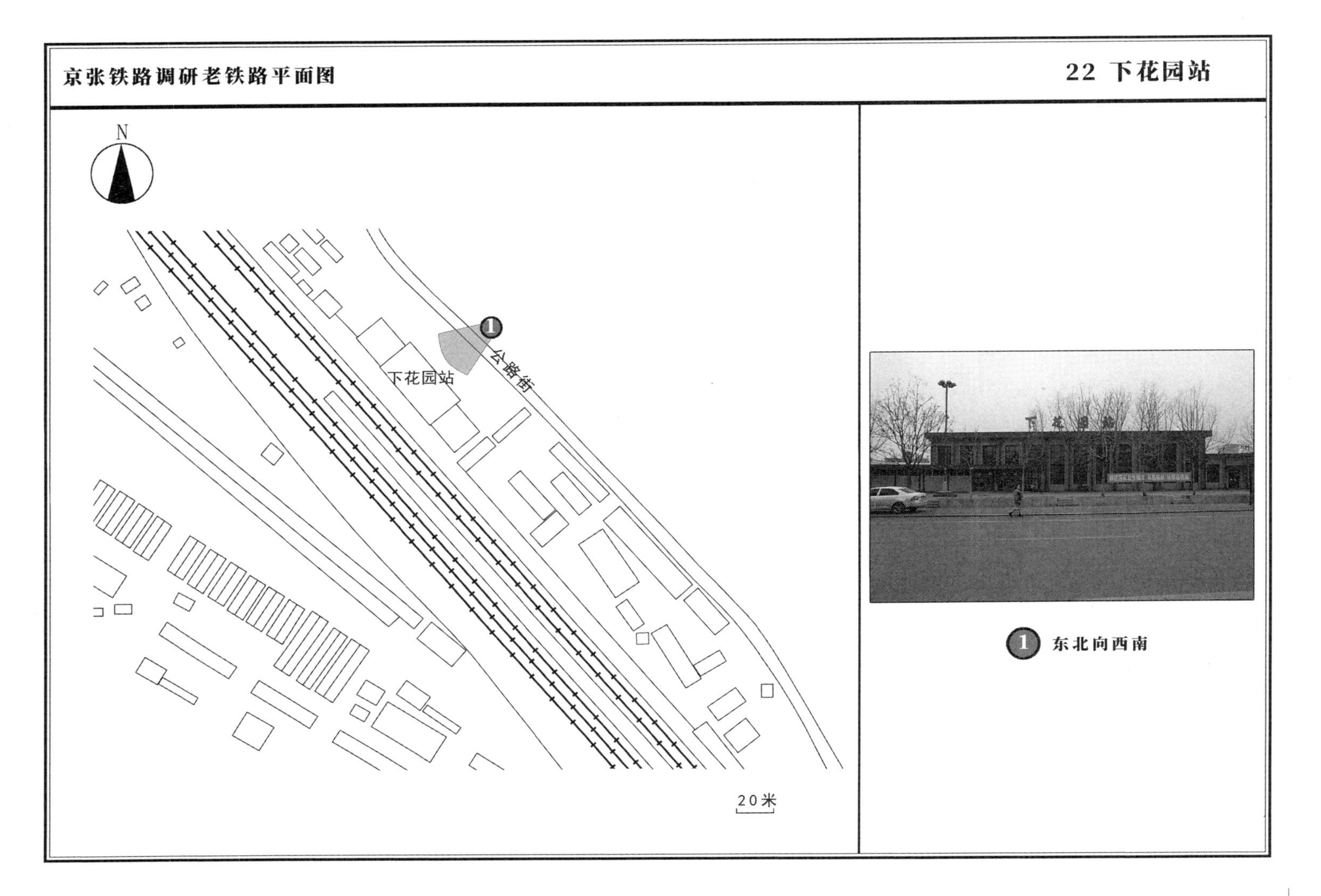
京张铁路调研老铁路平面图
22 下花园站
N
下花园站
公路街
20米
1 东北向西南

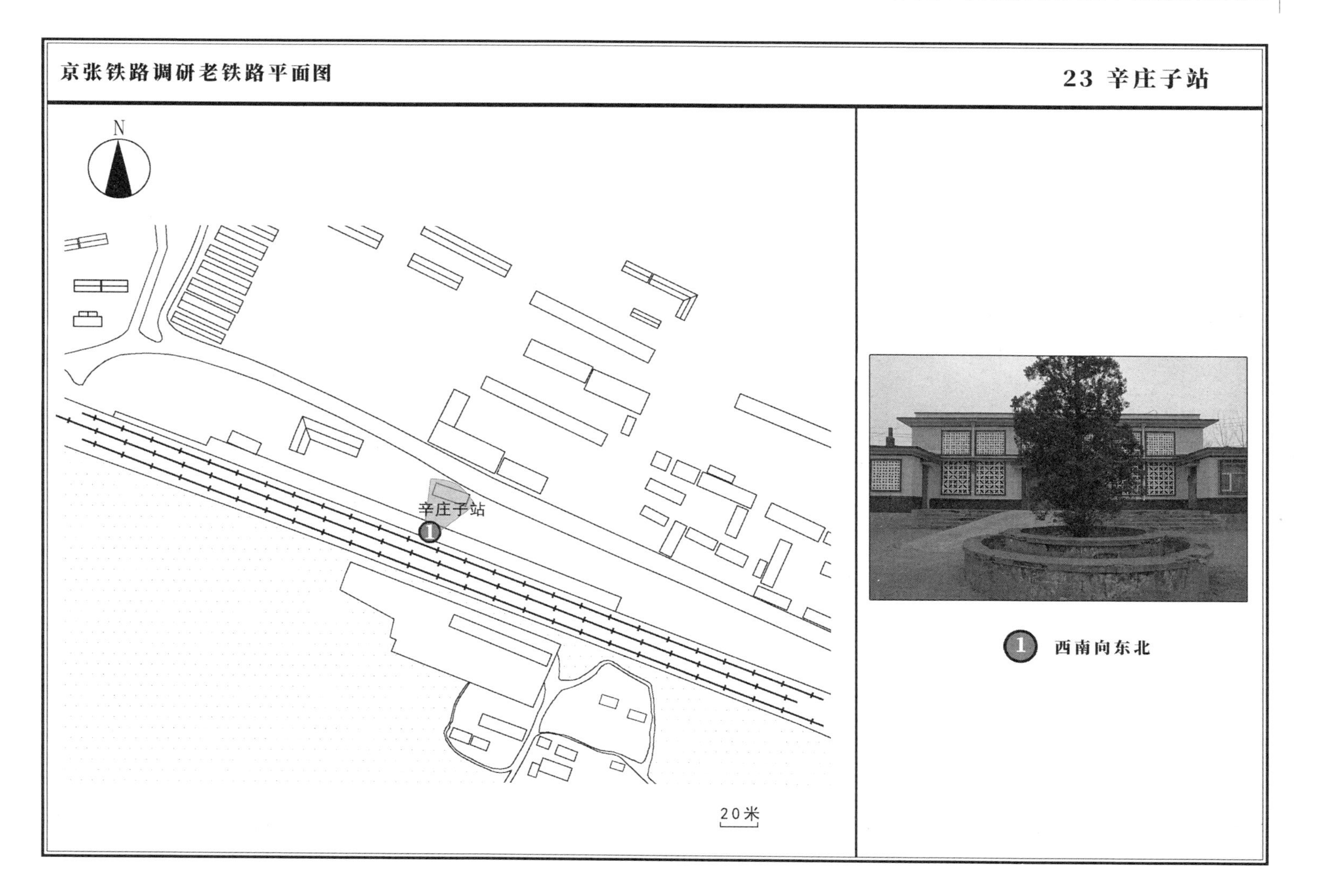
京张铁路调研老铁路平面图
23 辛庄子站
N
辛庄子站
20米
1 西南向东北

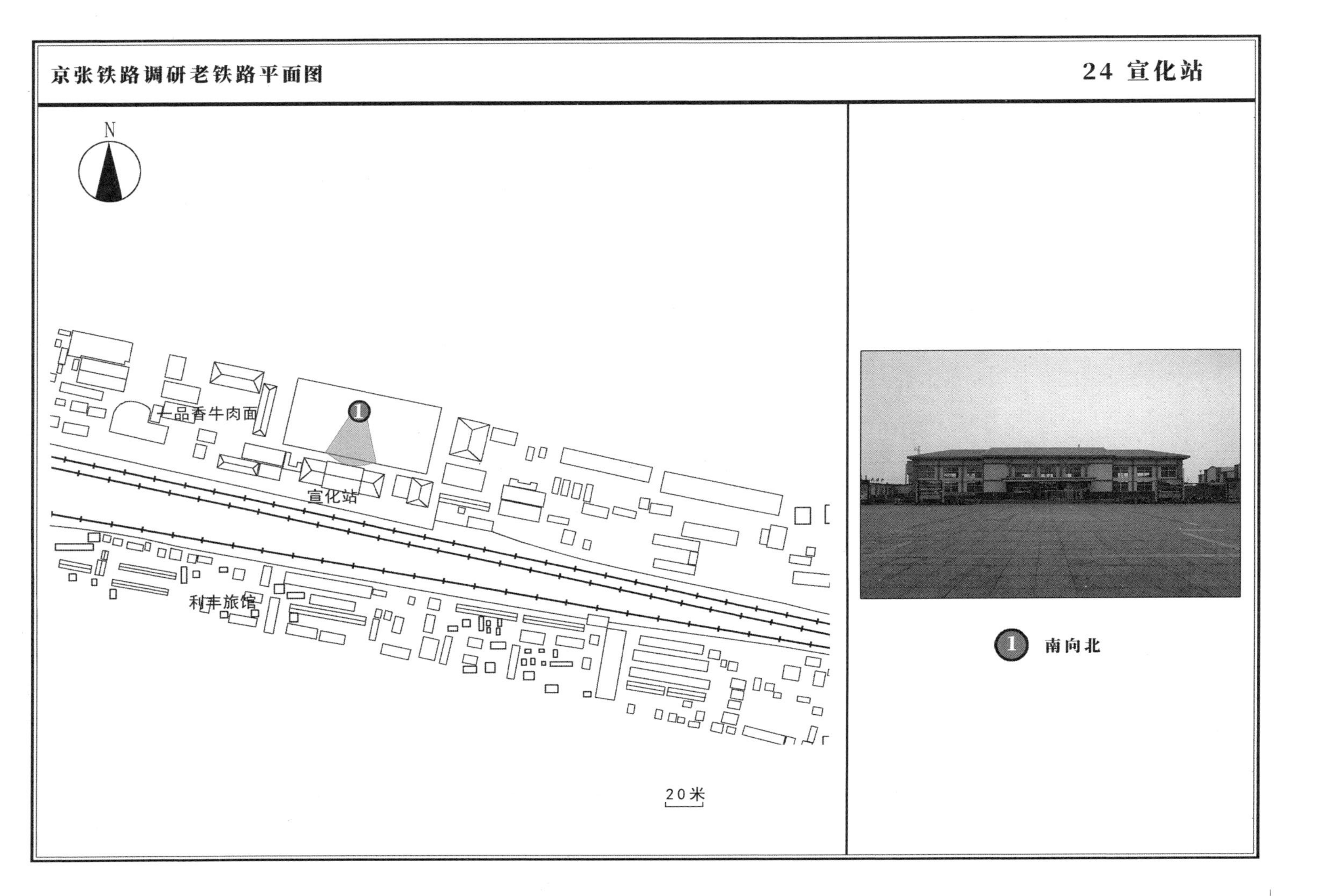
京张铁路调研老铁路平面图
24 宣化站
N
一品香牛肉面
宣化站
利丰旅馆
20米
1 南向北

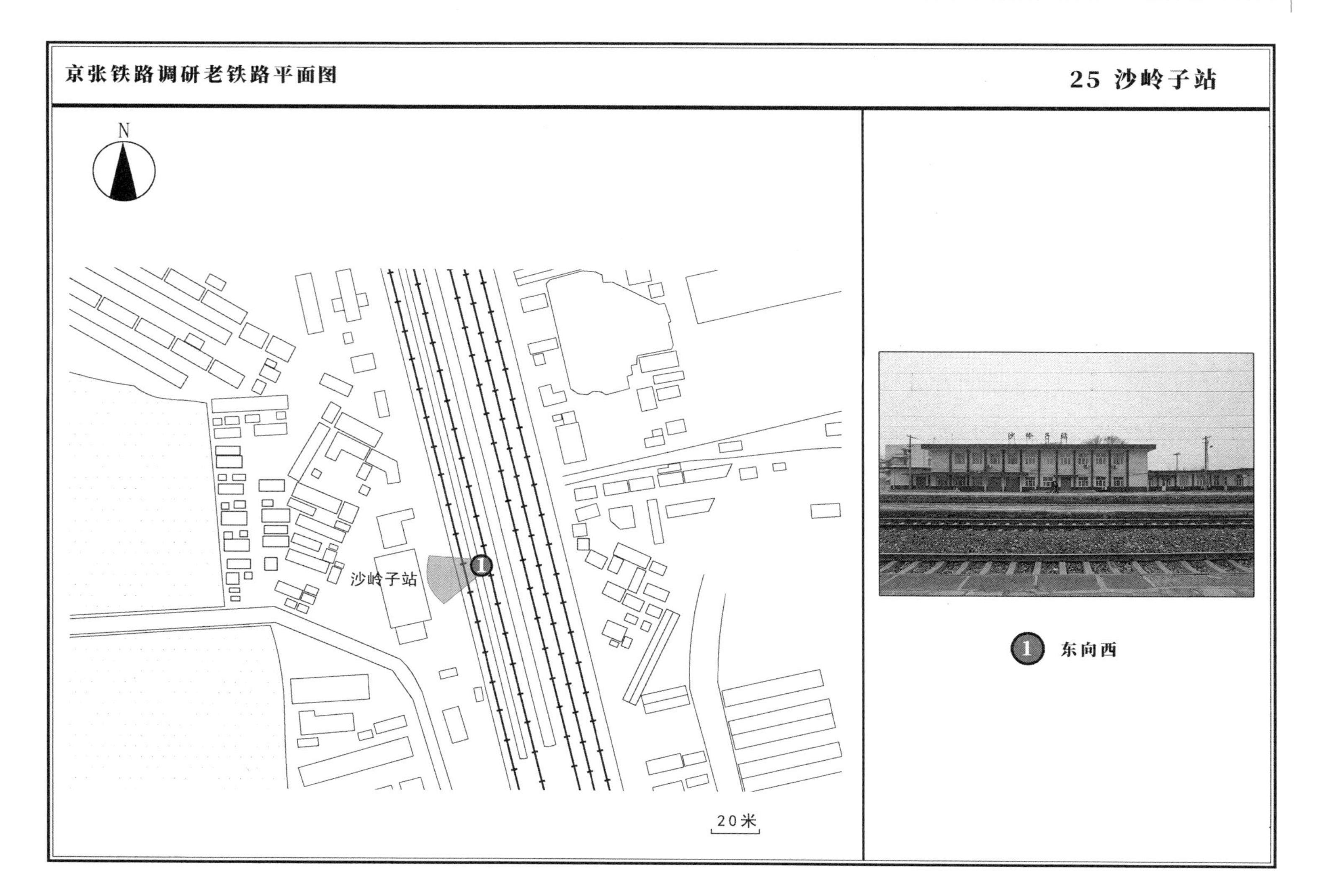
京张铁路调研老铁路平面图
25 沙岭子站
N
沙岭子站
20米
1 东向西

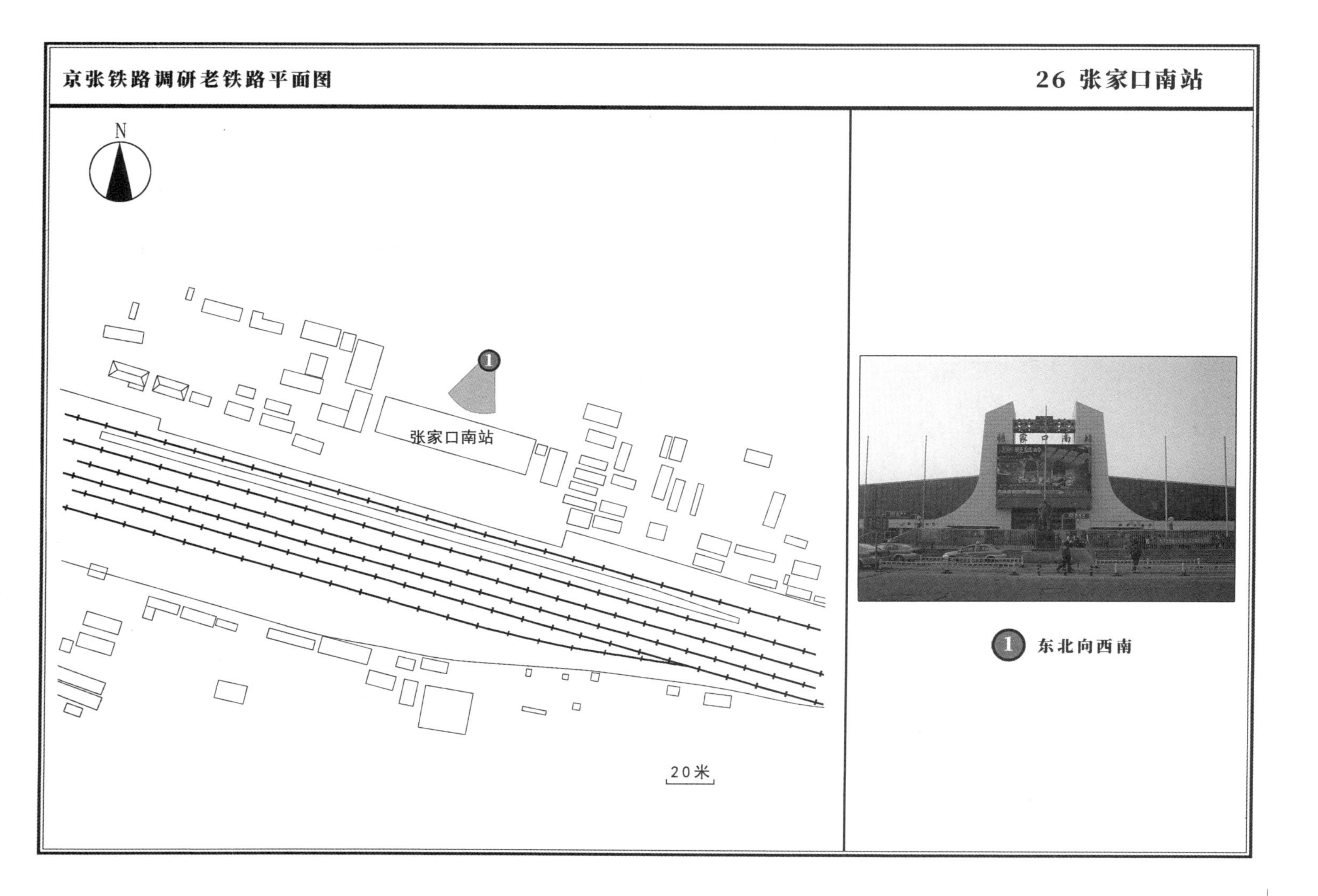
京张铁路调研老铁路平面图
26 张家口南站
N
1
张家口南站
20米
1 东北向西南

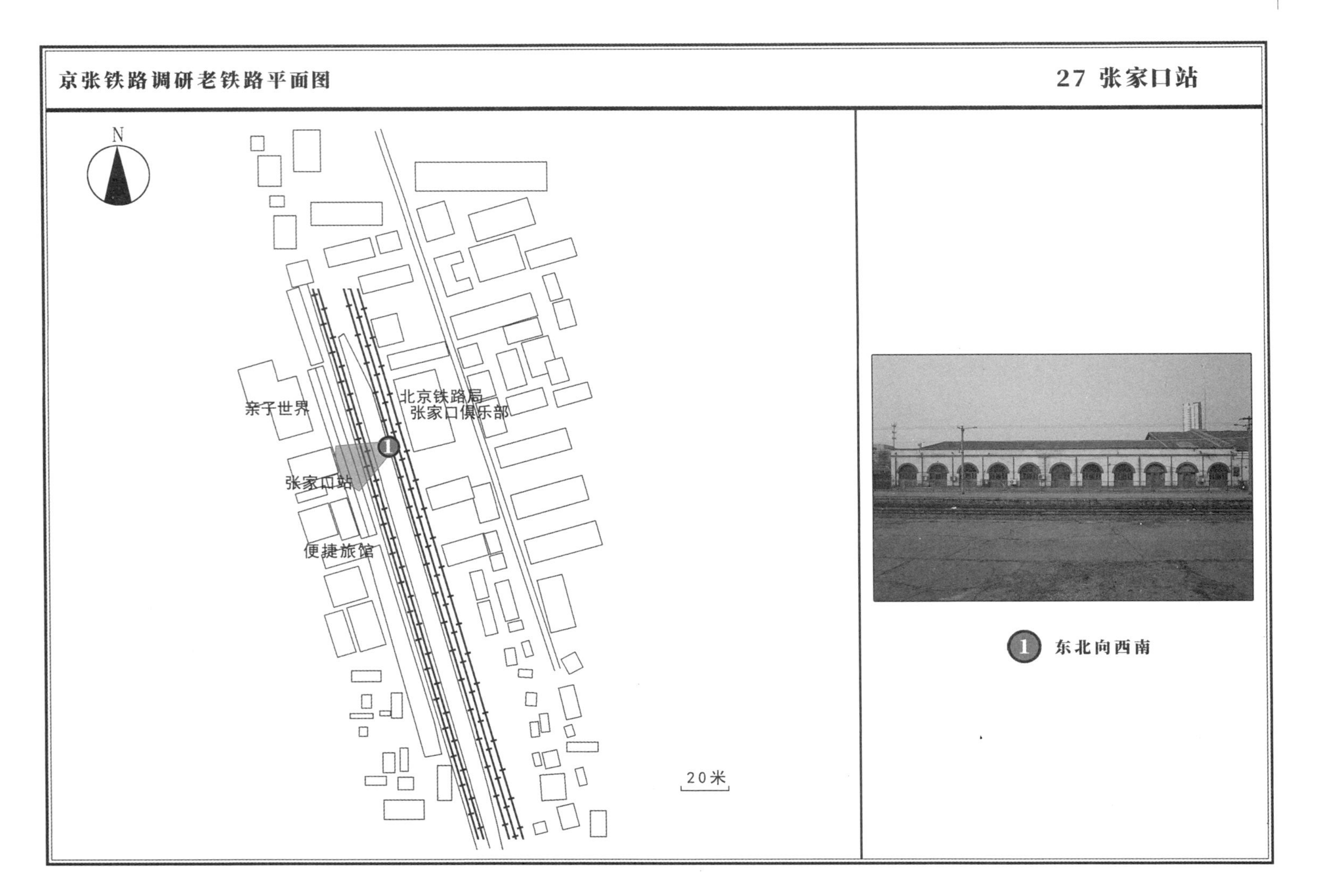
京张铁路调研老铁路平面图
27 张家口站
N
北京铁路局
张家口俱乐部
亲子世界
张家口站
便捷旅馆
20米
1
东北向西南

附录三：对比照片

1. 南口机车房

1909 年拍摄

2017 年拍摄

2. 东园新添车站作工景

1909 年拍摄

2017 年拍摄

3. 战沟二十六号桥

1909 年拍摄

2017 年拍摄

4. 居庸关南隔洞望火车全景

1909 年拍摄

2017 年拍摄

5. 居庸关山洞南口

1909 年拍摄

2017 年拍摄

6. 居庸关山洞北口

1909 年拍摄

2017 年拍摄

7. 居庸关新添车站道岔作工景

1909 年拍摄

2017 年拍摄

8. 四桥子二十九号桥由西望景

1909 年拍摄

2017 年拍摄

9. 三堡三十二号斜桥适过火车景

1909 年拍摄

2017 年拍摄

10. 五桂头山洞北口三十四号桥适过火车景

1909 年拍摄

2017 年拍摄

11. 青龙桥车站景

1909 年拍摄

2017 年拍摄

12. 青龙桥停车场三十九号桥由西首正视全景

1909 年拍摄

2017 年拍摄

13. 青龙桥停车场由东首正视全景

1909 年拍摄

2017 年拍摄

14. 青龙桥车站上水塔

1909 年拍摄

2017 年拍摄

附录四：各国铁路出现时间统计分析

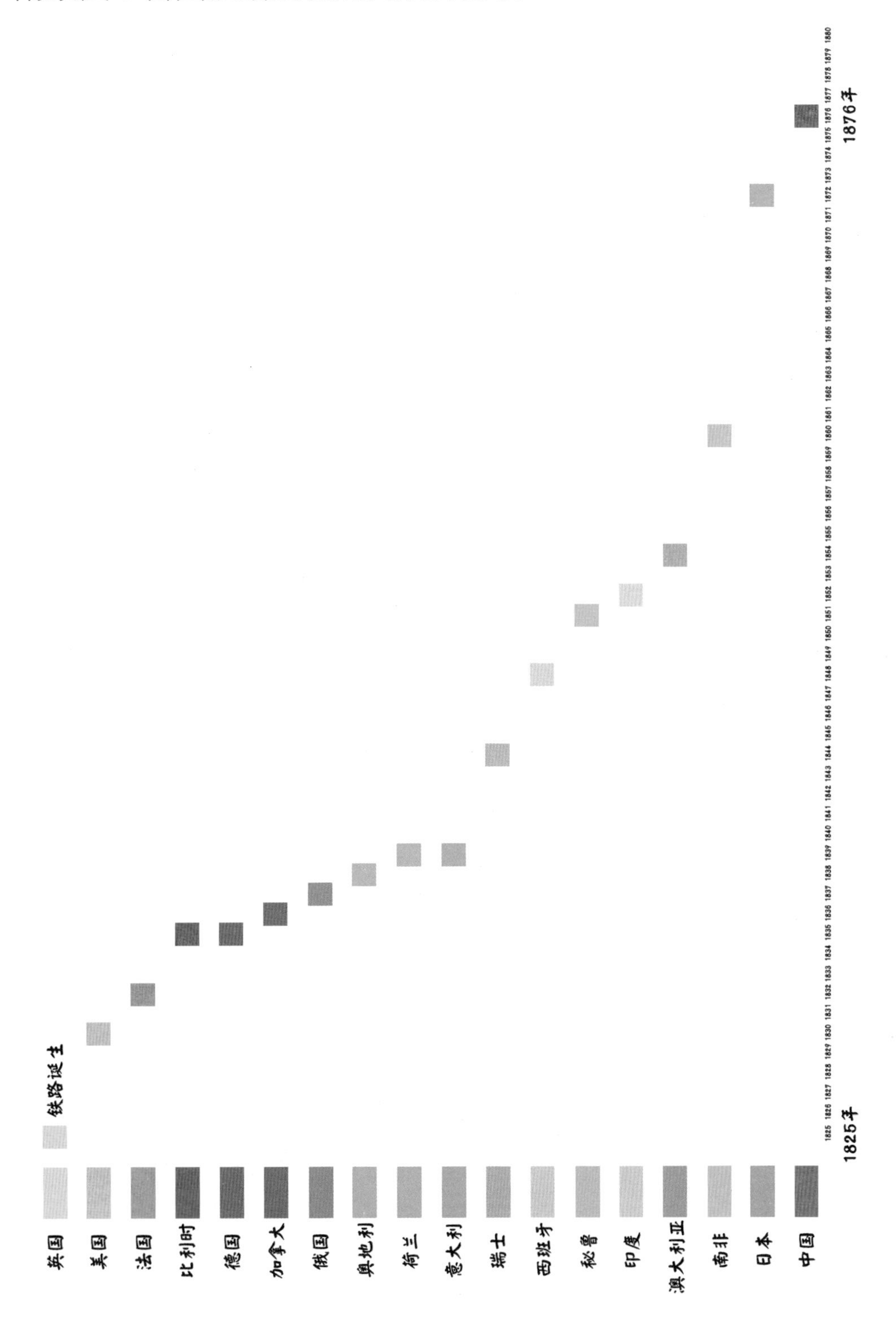

附录五：京张铁路车站建筑形制演变图谱

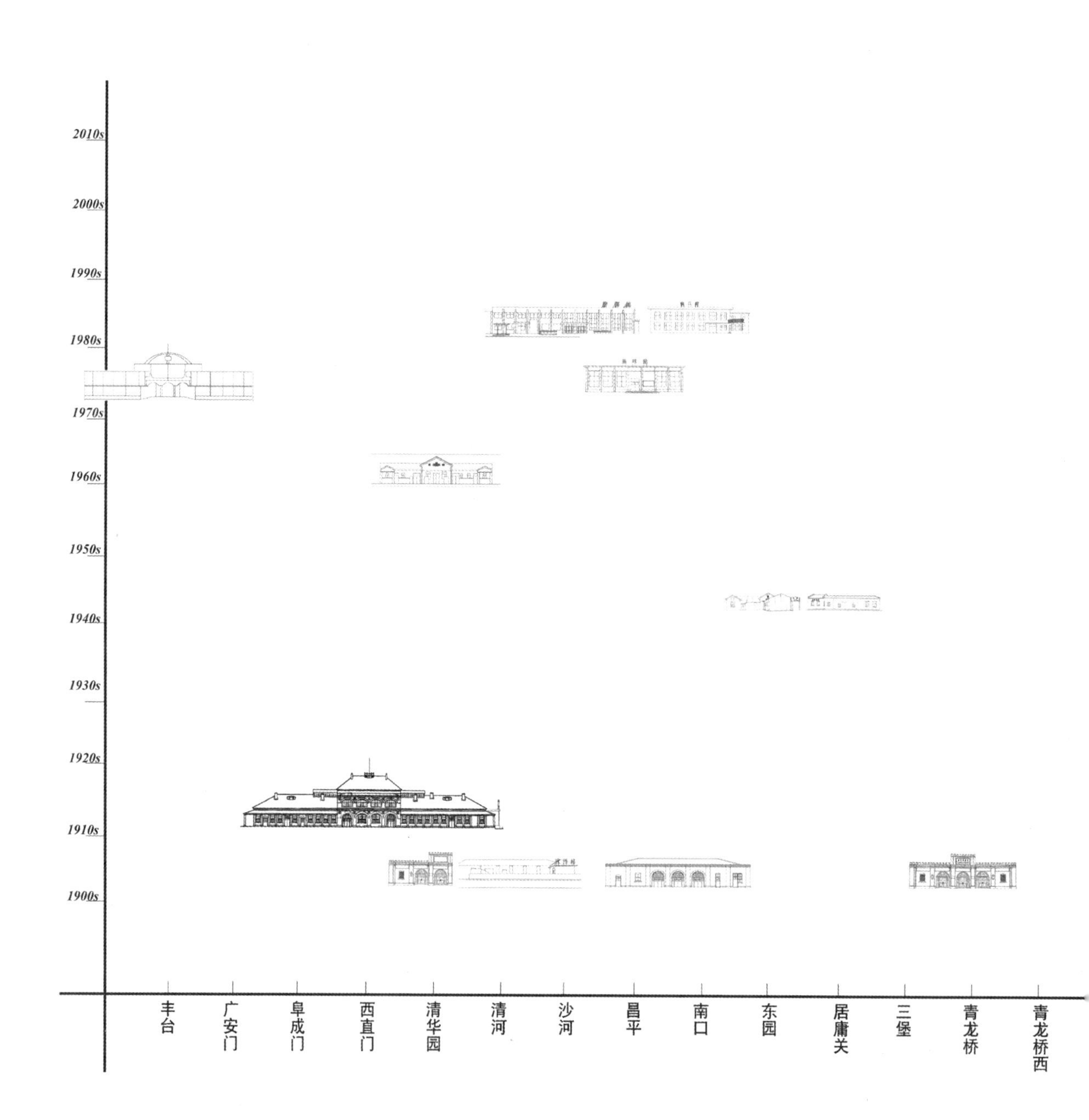

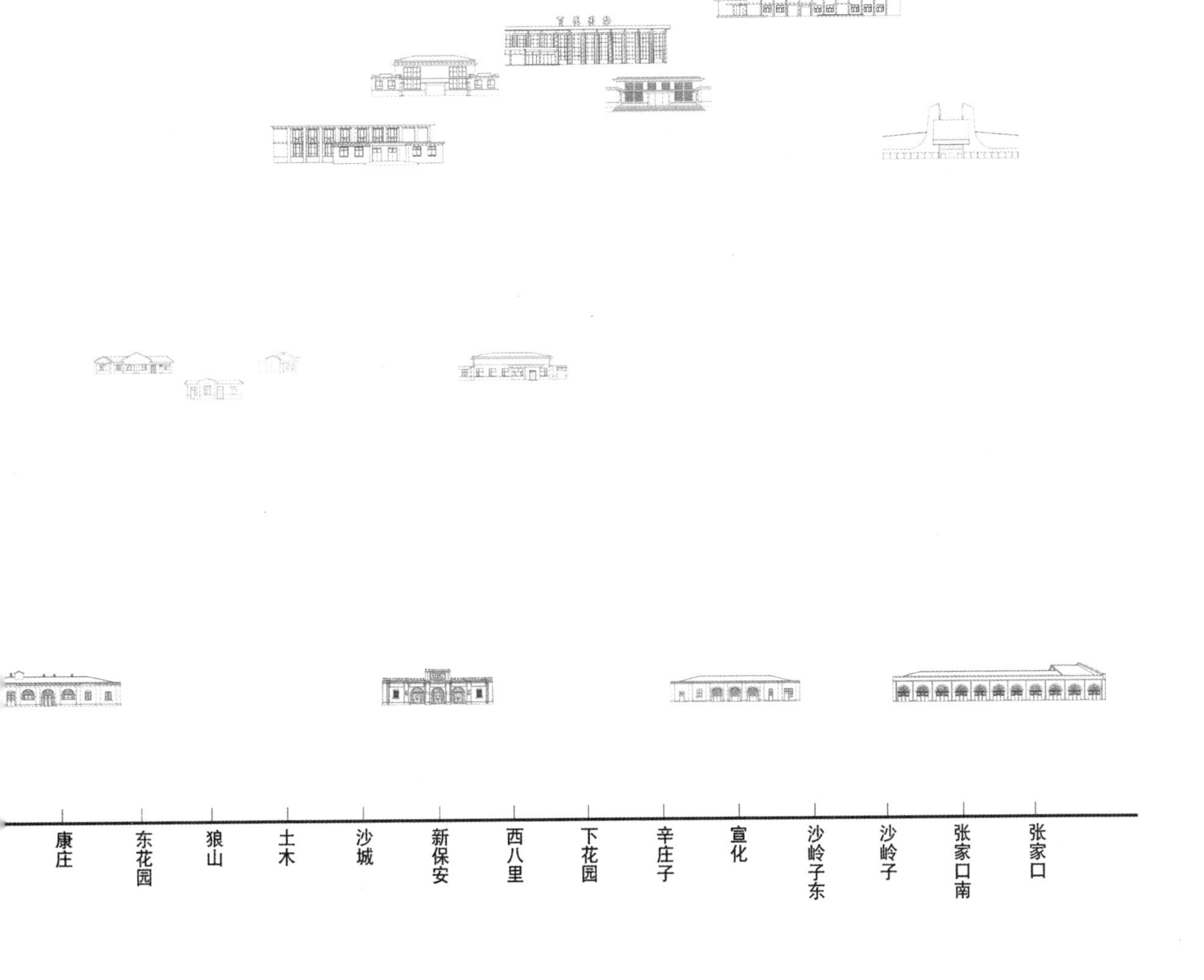
康庄
东花园
狼山
土木
沙城
新保安
西八里
下花园
辛庄子
宣化
沙岭子东
沙岭子
张家口南
张家口

图片来源

图片名称	图片来源
图 1–1　中国早期铁路发展历程图	编者绘
图 1–2　京张铁路开通之前北京至张家口的交通路线	根据历史地图改绘
图 1–3　京张铁路建设之前骆驼商队经过关沟地区（1900s）	历史照片
图 1–4　京张铁路建设之前南口、居庸关、关沟一带的道路	历史照片
图 1–5　京张铁路建设之前的关沟弹琴峡　（1890s）	历史照片
图 2–1　詹天佑	《京张路工撮影》
图 2–2　京张铁路三条选线对比示意图	编者绘
图 2–3　京张铁路修建分段示意图	编者绘
图 2–4　1909 年通车典礼之南口茶会（1909 年）	《京张路工撮影》
图 2–5　1909 年通车典礼之南口茶会专车（1909 年）	《京张路工撮影》
图 2–6　京包铁路路线图	编者绘
图 3–1　京张铁路路线示意图	编者绘
图 3–2　京张铁路历史路线示意图	《京张铁路工程记略》
图 3–3　车站图样	《京张铁路工程记略》
图 3–4　康庄机车库	《京张铁路工程记略》
图 3–5　南口机器厂	《京张铁路工程记略》
图 3–6　京张铁路桥梁	《京张铁路工程记略》
图 3–7　京张铁路涵洞	《京张铁路工程记略》
图 3–8　京张铁路水塔	《京张铁路工程记略》
图 3–9　京张铁路机车（1909 年）	《京张路工撮影》
图 3–10　京张铁路机车（1909 年）	《京张路工撮影》
图 4–1　京张铁路遗产调研分段图	编者绘
图 4–2　昌平区在北京市的区位图	编者绘

图片名称	图片来源
图 4–3　昌平区卫星影像与京张铁路示意图（2017 年）	编者绘
图 4–4　1957 年京张铁路昌平段发展状况	根据陶一清手绘北京名胜图改绘
图 4–5　昌平区现存京张铁路主要遗产分布图	编者绘
图 4–6　昌平京张铁路周边主要遗产分布图	编者绘
图 5–1　黄土店站（2017 年）	编者拍摄
图 5–2　黄土店老站房手绘图（2017 年）	编者绘
图 5–3　沙河站（1909 年）	《京张路工撮影》
图 5–4　沙河站（2017 年）	编者拍摄
图 5–5　沙河站手绘图（2017 年）	编者绘
图 5–6　沙河站（2017 年）	编者拍摄
图 5–7　沙河站（2017 年）	编者拍摄
图 5–8　昌平站（2017 年）	编者拍摄
图 5–9　昌平站手绘图（2017 年）	编者绘
图 5–10　昌平站（2017 年）	编者拍摄
图 5–11　南口站（2017 年）	编者拍摄
图 5–12　南口站手绘图（2017 年）	编者绘
图 5–13　南口站（2017 年）	编者拍摄
图 5–14　南口老站房（1909 年）	《京张路工撮影》
图 5–15　南口老站房（2017 年）	编者拍摄
图 5–16　南口老站房手绘图（2017 年）	编者绘
图 5–17　南口老站房（2017 年）	编者拍摄
图 5–18　南口老站房（2017 年）	编者拍摄
图 5–19　东园站（2017 年）	编者拍摄
图 5–20　东园站手绘图（2017 年）	编者绘
图 5–21　东园站（2017 年）	编者拍摄
图 5–22　东园站（2017 年）	编者拍摄
图 5–23　东园老站房（2017 年）	编者拍摄
图 5–24　东园老站房（2017 年）	编者拍摄
图 5–25　居庸关站（2017 年）	编者拍摄
图 5–26　居庸关站手绘图（2017 年）	编者绘
图 5–27　居庸关站（2017 年）	编者拍摄
图 5–28　居庸关站（2017 年）	编者拍摄
图 5–29　居庸关老站房（2017 年）	编者拍摄

图片名称	图片来源
图 5–30　居庸关老站房（2017 年）	编者拍摄
图 5–31　居庸关老站房（2017 年）	编者拍摄
图 5–32　居庸关老站房（2017 年）	编者拍摄
图 5–33　臭泥坑桥老桥遗址	编者拍摄
图 5–34　窑顶沟桥	《京张路工撮影》
图 5–35　战沟桥（2017 年）	编者拍摄
图 5–36　居庸关山洞南口外桥	《京张路工撮影》
图 5–37　四桥子铁路桥（2017 年）	编者拍摄
图 5–38　上关桥	编者拍摄
图 5–39　居庸关隧道（2017 年）	编者拍摄
图 5–40　詹天佑办公旧址（2017 年）	编者拍摄
图 5–41　工人俱乐部（2017 年）	编者拍摄
图 5–42　万国饭店旧址（2017 年）	编者拍摄
图 7–1　芭石铁路嘉阳小火车	http://dy.163.com
图 7–2　阿里山森林铁路	http://www.mafengwo.cn
图 7–3　个碧石铁路建水至团山段	http://www.lotour.com
图 7–4　泰勒林铁路路线图	www.talyllyn.co.uk
图 7–5　奥赛火车站	http://www.sohu.com
图 7–6　奥赛博物馆	http://www.sohu.com
图 7–7　伍珀塔尔空中铁路	https://pic.sogou.com
图 7–8　高线公园	编者拍摄
图 7–9　印度大吉岭喜马拉雅铁路	http://www.peoplerail.com
图 8–1　新建京张铁路（北京段）线路示意图	京张城际铁路有限公司
图 8–2　南口京张铁路遗产分布图	编者绘
附录二平面图	编者绘
附录三历史照片	《京张路工撮影》
附录三现状照片	编者拍摄
附录四各国铁路出现时间统计分析图	编者绘
附录五京张铁路车站建筑形制演变图谱	编者绘

参考文献

[1] 宓汝成．帝国主义与中国铁路 [M]. 北京：经济管理出版社，2007.

[2] 宓汝成．中华民国铁路史资料（1912—1949）[M]. 北京：社会科学文献出版社，2002.

[3] 宓汝成．中国近代铁路史资料（1863—1911）第一册 [M]. 北京：中华书局，1963.

[4] 李占才．中国铁路史 1876—1949[M]. 汕头：汕头大学出版社，1994.

[5] 金世轩，徐文述．中国铁路发展史 [M]. 北京：中国铁道出版社，2000.

[6] 段海龙．京绥铁路研究（1905—1937）[D]. 内蒙古师范大学，2011.

[7] 建筑文化考察组，殷力欣，温玉清，等．京张铁路历史建筑纪略 [J]. 建筑创作，2006（11）:150-162.

[8] 郝庆合，殷毅．京张铁路与天津近代物流 [J]. 北京交通大学学报（社会科学版），2009，8（2）:32-37.

[9] 苏全有，申彦玲．袁世凯与京张铁路 [J]. 西南交通大学学报（社会科学版），2008，9（1）:112-117.

[10] 林海波．京张铁路八达岭越岭方案研究 [J]. 铁道勘察，2014（6）:89-92.

[11] 段海龙．晚清京张铁路的修建经费问题 [J]. 历史档案，2013（3）:130-133.

[12] 鹿璐．京张铁路穿越关山一百年——寻访京张铁路遗迹 [J]. 北京档案，2014（11）:43-46.

[13] 邵新春．中国铁路发展史的里程碑—京张铁路 [J]. 北京档案，2002（6）:32-33.

[14] 詹同济．我国第一套铁路标准设计图——京张铁路标准图简介 [J]. 铁道标准设计，1984（9）:47.

[15] 于世清，顾炳才．从京张铁路到京九铁路 [J]. 科技进步与对策，1994（02）: 63-64.

[16] 张辉．破解京张铁路三大谜团 [J]. 天津政协公报，2012（11）:50-51.

[17] 吕世微．詹天佑和京张铁路 [J]. 历史教学，1984（1）:36-37.

[18] 张敏．詹天佑与京张铁路 [J]. 前线，1983（3）:51-52.

[19] 段海龙．京张铁路隧道修建技术探析 [J]. 广西民族大学学报（自然科学版），2016，22

（3）:24–30.

[20] 沙敏 . 跨居庸 通八达《撮影》记录百年京张铁路——詹天佑为中国铁路奠基 [J]. 北京档案，2013（5）:42–43.

[21] 周总印 . 京张铁路与张家口建党 [J]. 档案天地，2016（7）:24–26.

[22] 陈天天 . 京张铁路 :110 年的绵延穿梭 [J]. 魅力中国，2015（43）:74–78.

[23] 周翊民，孙章 . 喜见百岁京张铁路立新功 [J]. 城市轨道交通研究，2008，11（10）:3.

[24] 苏子孟 . 京张铁路获批 投资逾 700 亿 2020 年建成通车 [J]. 工程机械，2015.

[25] 罗春晓 . 中国铁道风景线之京张铁路 [J]. 旅游纵览，2015（8）:104–109.

[26] 马斌 . 从《京张铁路工程纪略》看詹天佑的工程管理思路及爱国主义情怀 [J]. 名作欣赏，2017（2）:93–94.

[27] 马媛 . 京张铁路百年回眸 [J]. 文史精华，2015（15）.

[28] 北京市档案馆 . 京张铁路百年轨迹 [M]. 新华出版社，2014.

[29] 唐传兵 . 京张铁路的感恩独白 [J]. 当代老年，2014（2）:28–29.

[30] 北京市昌平区档案馆 . 詹天佑与京张铁路 [J]. 北京档案，2013（10）:37–38.

[31] 姜冬青 . 京张铁路文物遗迹的保护和利用 [J]. 铁道知识，2014（4）:68–71.

[32] 白月廷 . 京张铁路最具代表性的建筑遗存 康庄机车库及附属建筑 [J]. 中国文化遗产，2013（5）.